GW01079934

இலங்கை மனிதக் குடியமைவு

மரபணுவியல் (DNA) அடிப்படையிலான ஆய்வு உருவரை

PEOPLING OF SRI LANKA

An Outline Based on Genetic (DNA) Studies

Subramaniyam Visahan
Retired Staff of the National Archives (UK)
Senior Researcher Tamil Information Centre (UK)

இலங்கையில் மனிதக் குடியமைவு

இலங்கையில் மனிதக் குடியமைவு

மரபணுவியல் (DNA) அடிப்படையிலான ஆய்வு உருவரை

PEOPLING OF SRI LANKA

An Outline Based on Genetic (DNA) Studies

Text in Tamil and English

ISBN 1 85201 022 3

சுப்பிரமணியம் விசாகன்

Subramaniyam Visahan

Retired Staff of the National Archives (UK)

Senior Researcher Tamil Information Centre (UK)

First Published in 2010 by:

Tamil Information Centre

London

Price : UK/Western Countries £ 5

Sri Lanka Rs. 300/-

India ₹ 150/-

வரலாற்றின்மீது குந்தியிருத்தல்

-பில் வூட்ரூ

லண்டனில் உள்ள பிரித்தானிய நூலகத்தில் அமைந்திருக்கும் வெண்கல நாற்காலியில் எழுதப்பட்டிருக்கும் வாசகங்கள்.

''புத்தகம் என்பது தகவலைக் கைப்பற்றி வைத்திருப்பது, அதிலிருந்து நாம் தப்பமுடியாது என்பதையே இச் சங்கிலிக்குண்டுப் புத்தகக் கலைப்படைப்பு சுட்டுகிறது.

வரலாறு எல்லாமே பன்னூருயிரம் பக்க எழுத்துக்களால் வடிகட்டப் பட்டது. பல்லாண்டு ஆய்வுக்கும் கல்விக்கும் முக்கிய ஊடகம் புத்தகமே.

இந்த அறிவை நாம் உள்வாங்கிக் கொண்டாலும்கூட, அதனால் எமது இயல்புகளை மாற்றிக்கொள்வது என்பதில் எமக்குப் பெரிதும் சிரமம் இருப்பதாகவே தோன்றுகிறது'' என்று கருத்துரைக்கிறார் வூட்ரூ.

காணிக்கை

அன்புத் தந்தையார் இராஜசிங்கம் சுப்பிரமணியம்
அன்புத் தாயார் சுப்பிரமணியம் சாரதாதேவி

Dedication

Loving Father Rajasingam Subramaniyam
Loving Mother Subramaniyam Sarathadevi

பொருளடக்கம்

முன்னுரை

மனித இனத்தின் தோற்றுவாய் முதற்கொண்டு வாழ்க்கைக்கான பல்வேறு ஆதாரங்களைத் தேடி மனிதன் குழுக்களாய் இடம்பெயர்வதும், புதிய சூழலில் குடியமர்வதும் தொடர்ந்து நடைபெற்ற வரலாற்று உண்மை.

மானிடவியல் சான்றுகளின்படி, ஆபிரிக்க கண்டத்தில் முதன் முதலில் பரிணமித்த மனிதனின் மூத்தகுடிகள், உணவு, பாதுகாப்பான உறைவிடம், வசதியான வாழ்க்கைச்சூழல் இவைகளைத் தேடி மேற்கொண்ட தொடர் பயணத்தின் விளைவாக மனிதகுலம் பிற கண்டங்களுக்கும் பரவியது.

இவ்வாறு பல்வேறு கண்டங்களில் குடியமர்ந்த மனிதக்குழுக்கள் காலப்போக்கில் எண்ணிக்கையில் பெருக்கமுற்றதோடு, சுற்றுப்புறச்சூழல், வாழ்க்கையில் நடைமுறைச்செயற்பாடுகள் போன்ற பிரதான காரணங்களால் வெவ்வேறு இனக் குழுக்களாகத் தோற்றமடைந்தன.

சுற்றுப்புறச்சூழல், வாழ்க்கையின் நடைமுறைச் செயல்பாடுகளை நிர்ணயிக்கும் பண்பாட்டுக் காரணிகள் ஆகிய ஒன்றுடன் ஒன்று இணைந்த பிரதானமான புறக்காரணிகளின் மாறுதலுக்கேற்ப இனக்குழுக்களின் நடைமுறை வாழ்க்கையும், மதிப்பீடுகளும், தேவைகளும் தொடர்ச்சியாக மாற்றமடைந்து வந்துள்ளன.

இவ்வரலாற்று அடிப்படையில் அமைந்துள்ள பண்பாட்டு பன்மைத்துவம் என்பது அறம் சார்ந்த உண்மை.

பேணிப் போற்றுதலும், காப்பதும் மனிதகுல வரலாற்றின் நாகரிகம்.

ஏற்றத்தாழ்வுகளை அங்கீகரிக்கும் சமூகப்பார்வை, மேலாதிக்க மனப்பான்மை, பண்பாட்டு பன்மைத்துவத்தை மறுதலிப்பது இவையாவும் மனிதகுல வரலாறு நெடுக அங்கங்கே, அவ்வப்போது வெளிப்பட்டிருப்பினும், வலுவான எதிர்ப்பு, உண்மையான ஆதரவுக் குரல்கள், உதவிக்கு வந்த நேசக்கரங்கள் இவைகளினுல் பன்மைத்துவமும், சம உரிமையும், மனிதநேயமும் மனிதகுலம் போற்றிப் பேணிய நியதிகளாயிருந்தன. பன்னுட்டு அரசுகளின் புதிய அரசியல் போக்குகள், தேசிய நலன்கள் குறித்த குறுகலான கண்ணுேட்டம், இலக்குகளை அடைய கையாளப்படும்

புதிய சூட்சுமங்கள் என வேகமாக மாறிவரும் தற்போதைய சூழலில் பண்பாட்டு பன்மைத்துவம், அரசியல் பொருளாதார ரீதியில் சம உரிமை போன்ற கருத்தாக்கங்களுக்கு, அவற்றின் நடைமுறை செயல்பாடுகளுக்கு சுயநலம் சார்ந்த புதிய விளக்கங்கள் தரப்பட்டு இன்று மோசடிகளும், அவலங்களும் போதுமான கவன ஈர்ப்பின்றி புறக்கணிக்கப்படுகின்றன.

இனக்குழு வரலாற்றின் ஆழமான உண்மைகளை அறிவியல்ரீதியான அணுகுமுறையில் புரிந்து கொள்வதின் மூலம் மேம்போக்கான பார்வைகளையும், திரித்து அளிக்கப்பட்ட வரலாற்று விளக்கங்களையும் எதிர்கொள்வது சாத்தியம். ஒரு ஆய்வாளனுக்கு உண்மையைப் புறம் நின்று அறிய தான் சார்ந்து நிற்கும் சமூகத்தின் மதிப்பீடுகள், அரசியல் பார்வைகள், விருப்புவெறுப்பு என அனைத்தையும் தாண்டி செல்ல வேண்டியது அவசியம்.

இலங்கையின் தேசியம் குறித்த முரண்பாடுகள் சமகால அரசியலின் யதார்த்தங்கள். அவற்றுக்கப்பால், இத்தீவில் மனிதப் பண்பாட்டின் மூலங்களைப் புரிந்து கொள்ள மானிடவியலாளர் திரு, விசாகனின் இச்சிறு முயற்சி பெரிதும் உதவுமென நம்புகிறேன்.

பெ. தமிழ்ஒளி
Social Anthropologist

B-5, B-Block, Kanakambujam
6th Avenue, Ashok Nagar
Chennai- 600 083

September 2010

*

நன்றியுரை

இச்சிறு நூல் கல்வி மூலம் உண்மையைத் தேடும் எனது ஆர்வத்தி ஞல் வாழ்நாள் முழுவதும் நான் கற்றுக் கொண்டவைகளின் சுருக்கமாகும். எனது இம்முயற்சியில் பல ஆசிரியர்கள், நண்பர்கள், அறிஞர்கள், சகபாடிகள் பலர் பெரிதும் உதவியுள்ளார்கள்.

முதன்முதல் வரலாற்றில் எனக்கு ஆர்வம் ஏற்பட வைத்தவர் 1966-67ல் யாழ் St. John's கல்லூரி ஆசிரியர் பானுதேவன் ஆவார். வரலாற்றைப் புரிந்துகொள்வதில் குழந்தையாக நான் இருந்த காலத்தில் பானுதேவன் ஆசிரியர் கற்பித்த முறையால் அத்துறையில் எப்படியாவது உயர்மட்டக் கல்வித்தேர்ச்சி பெறவேண்டும் என்ற உறுதி எனக்குள் குடிகொண்டது. முதற்கண் அவருக்கு எனது நன்றி.

1974இல் யாழ்ப்பாணப்பல்கலைக்கழகத்தின் வரலாற்றுத் துறை ஆசிரியர்கள் ஏற்கெனவே எனக்கிருந்த வரலாற்று ஆர்வத்தினை வளர்க்க உதவினர். இவர்கள் யாவரும் ஒவ்வொரு துணைப் பிரிவுகளில் தேர்ச்சி பெற்றிருந்ததினுல் வரலாற்றின் பல அம்சங்களிலும் ஆழமான அறிவை அவர்களின் சிறப்பான விரிவுரைகளினுல் வளர்த்துக் கொள்ள முடிந்தது.

யாழ்பல்கலைக்கழகத்தில் முதலாண்டு மாணவர்களுக்குப் புகட்டப்பட்ட பல்துறைக் கற்கைநெறி (Compendious Course) மிகவும் சிறந்த ஒரு பாடநெறியாகும். ஒவ்வொரு துறையிலும் விற்பன்னர்களாக இருந்த விரிவுரையாளர்கள் இப்பல்துறை அறிவையும் பயிற்சியையும் தந்து, எனது அறிவை மேலும் வளர்க்க உதவினர்.

இத்துறையை அறிமுகப்படுத்தி, சகல மாணவர்களும் இப்பாடங்களைக் கற்றுக் கொள்ள அடித்தளம் இட்டு, ஊக்கங்களும் வழங்கியவர் பேராசிரியர் கா. இந்திரபாலா.இவரை என் வாழ்வில் என்றுமே மறக்க முடியாது. இவர் சிறப்புப்பட்டதாரி மாணவர்களுக்கான கல்விசார் ஆராய்ச்சிக்கட்டுரைகள் எழுதும் முறைகளையும், அதனைப் பல கோணங்களில் பார்த்து முடிவுக்கு வரும் முறைகளையும் கற்றுத்தந்து தற்காலத்தில் ஆய்வாளனுக வருவதற்குரிய வித்துமிட்டு, Seminar எனும் கலந்துரையாடும் பயிற்சியும் தந்து, என்னை அறிவுத்துறையில் வளர்த்துக் கொள்ள உதவியமைக்காக எனது நன்றிகள் அவருக்கு என்றும் உரித்தாகும்.

யாழ்பல்கலைக்கழக வாழ்க்கையில் பல துறைகளைச் சேர்ந்த விரிவுரையாளர்கள் எனது அறிவை மேலும் வளர்த்துக் கொள்ள உதவினர். இவர்களுள் விரிவுரையாளர் வி.சிவசாமி கற்றுத்தந்த தென்னாசிய வரலாறு (South Asian History), தென்னுசிய கல்வெட்டுக்கள் (South Asian Palaeography and Epigraphy) மூலம் இத்துறைகளில் நான்அறிவை வளர்த்துக்கொள்ள உதவினுர்.

கலாநிதி சி.க. சிற்றம்பலம் புதை பொருள், ஆய்வு செய்யும் முறையின் அடிப்படை அம்சங்கள், தென்னுசிய கட்டடக் கலையும் கலை வடிங்களும் (South Asian Art and Architecture), இலங்கையில் பெருங்கற் பண்பாடு (Megalithic Culture in Sri Lanka) போன்ற துறைகளில் ஆர்வமேற்படும் வழியில் கல்வி புகட்டினார்.

பேராசிரியர் சேனக பண்டாரநாயக்கவிடம் இலங்கையில் கட்டடக் கலை வரலாறு(History of Sri Lankan Architecture) என்ற பாடத்தைத் தெளிவாகக் கற்றுக்கொள்ள முடிந்தது.

பேராசிரியர் ச.சத்தியசீலன் கற்றுத் தந்த உலகின் ஆதிநாகரிகங்கள் (Ancient Civilizations of the World), ஐரோப்பிய வரலாறு (European History) போன்றன எனது அறிவை விரிவாக்கியது.

முன்னுள் முதுநிலை விரிவுரையாளர் சீலன் கதிர்காமர் கற்பித்த தேசியவாதத்தின் கோட்பாடுகள், (Principles of Nationalism) இலங்கையில் தேசியவாதம் போன்ற பாடங்கள் மூலம் தற்கால தேசியவாதப் பிரச்சினைகளையும் அதற்கான காரணங்களையும் புரிந்துகொள்ள முடிந்தது.

1980களில் நண்பராக அறிமுகமான கலாநிதி பொன்னம்பலம் இரகுபதி, வரலாறு, தொல்லியலாய்வு போன்ற துறைகளை விளக்கி ஆனைக்கோட்டை ஆய்வுக்குழுவில் இணைந்துகொள்ள சந்தர்ப்பத்தையும் வழங்கியதுடன் தொடர்ந்தும் அவரது தொல்லியல் மேலாய்வுகளில் கலந்துகொள்ளும் வாய்ப்பினையும் எனக்கு வழங்கினுர். அவருக்கும் எனது நன்றி

1984-85இல் சென்னைப் பல்கலைக்கழகத்தில் மானிடவியல் (Anthropology) துறையில் M.A கற்றுக் கொள்ளும் வாய்ப்புக் கிட்டியது. இக்கால கட்டத்தில் எனக்கு கல்வி புகட்டிய சகல ஆசிரியர்கட்கும் எனது நன்றிகள். இவர்களில் குறிப்பிடத்தக்கவர் மறைந்த பேராசிரியர் சுதர்சன். மானிடவியலின் பல்வேறு அம்சங்கள் பற்றிய அறிவினை இவரின் விரிவுரைகள் மூலம் பெற்றுக்கொண்டேன். இவர் எம்மை மற்ருஸ்

கைக்கோடரி தொழில்நுட்பம் (Madras Hand Axe Industries) எனும் துறையைக் கற்றுக் கொள்வதற்காக, அத்திரம்பாக்கம் எனும் இடத்தில் உள்ள ஆதிமனிதனின் குகைக்கு எம்மை அழைத்துச் சென்று ஆபிரிக்காவில் தோன்றிய மனிதனின் குடிநகர்வுபற்றி ஆதிமனிதன் வாழ்ந்த குகையிலேயேவைத்து சகல மாணவர்கட்கும் போதித்தமை மறக்க முடியாதது. இன்று நான் எடுத்துக்கொண்ட 'இலங்கையில் மனிதக் குடியமைவு' என்னும் எனது இந்நூலிற்கான அடித்தள அறிவு 1984 லேயே இடப்பட்டு இன்றுவரை அது வளர வழிவகுத்ததனுல் அவருக்கும் எனது நன்றிகள்.

1989இல் தென்னுபிரிக்காவின் Witwatersrand பல்கலேக்கழகத்தில் Post Graduate Higher Diploma in Library and Information Science எனும் கற்கை நெறி மூலம் எனது அறிவு தற்காலத் தகவற்சமூகத்தில் (Information Society) தகவல்களே விஞ்ஞானரீதியாகச் சேகரித்துப் பாதுகாத்து அதனே வாசகர்கட்கு உதவும் வகையில் பரிமாறல் (Dissemination) செய்யும் முறை களேக் கற்றுத்தந்த பேராசிரியர் Ruben Musiker, சிரேஸ்ட விரிவுரையாளர் Clare Walker போன்றவர்கட்கும் நன்றிகள்.

1994-95 காலப் பகுதியில் லண்டன் பல்கலேக்கழகத்தில் (U.C.L) M.Sc., in Social Anthropology எனும் கற்கை நெறியைக் கற்றுக் கொள்ளும் காலத்தில், மனிதன் அணியும் அணிகலன்கள், அவன் போட்டுக் கொள்ளும் ஒப்பனேகள் (Social Marks) போன்றவற்றினுல் மனிதன் இன ரீதியாக வரையறுக்கப்படுகிருனென்ற அரிய அறிவினே எனக்குப் புகட்டிய பேராசிரியர்கள் Allen Abrahamson, Nanneke Redclift போன்றவர்கட்கும் எனது நன்றிகள்.

இந்நூல் ஆக்கத்திற்குத் துணேபுரிந்து வருபவர் கலாநிதி சிவ தியாகராஜா அவர்கள். DNA பற்றிய ஆய்வுகளில் எனக்கிருந்த சந் தேகங்களே நிவர்த்தி செய்வதுடன் கட்டுரைகள்பல தந்தும் உதவி வருகிருர். இவரின் The Peoples and Cultures of Pre-Historic Sri Lanka எனும் வெகு விரைவில் வெளிவரவிருக்கும் நூலின் பகுதிகள் 'மீட்சி' எனும் லண்டனில் வெளிவந்து கொண்டிருக்கும் மாதாந்திர பத்திரிகையில் தொடர் கட்டுரையாக வெளிவருகிறது. இக்கட்டுரைகள் சம்பந்தமான பல விபரங்களே என்னுடன் பகிர்ந்துகொண்டு எனது அறிவை வளர்க்கவும் உதவுகிருர். இவருக்கும் எனது நன்றிகள்.

சென்னே சுவாமிநாதன் ஆய்வு நிறுவனத்தின் முதுநிலே விஞ்ஞானி யாக பணிபுரியும் கலாநிதி ரெங்கலட்சுமி, ஆய்வுமன்ற பரிசோதனேக்

கூடத்தில் (Laboratory) தாவரங்களில் DNA பரிசோதனை செய்யும் முறையின் பயிற்சியை எடுத்துக் கொள்ள எனக்கு அனுமதி தந்ததுடன், அவரது தொழில்நுட்பவியலாளர்களையும் எனக்குதவும்படி பணித்து உதவியமைக்காகப் பெரிதும் நன்றிக் கடமைப்பட்டுள்ளேன்.

மனிதனின் DNA ஆய்வு செய்வது எப்படி என்ற முறையை சென்னை கோபாலபுரம் Dr. Mohan's Diabetic Clinic பரிசோதனைக் கூடத்தில் பயின்றுகொண்டேன். இதற்கான முழு வசதிகளையும் எனக்கு ஏற்படுத்தித் தந்தவர் எனக்குச் சிகிச்சையளித்துவரும் வைத்திய நிபுணரான Dr. Mahuya Sikdar (Roy) ஆவார். இவருக்கு எனது மனமார்ந்த நன்றிகள்.

இந்நூலுக்கான முன்னுரையை வழங்கி பல வழிகளில் அறிவுரைகளையும், பல உதவிகளையும் புரிந்த மானிடவியலாளர் தமிழ் ஒளிக்கும் எனது மனமுவந்த நன்றிகள்.

இறுதியாக நூலின் உள்ளடக்கத்தினைப் புரிந்து கொண்டு மதிப்புரை வழங்கிய மானிடவியலாளரும் தமிழில் ஐந்து மானிடவியல் நூல்களை வெளியிட்டவருமான பக்தவத்சலபாரதிக்கும் எனது மனமுவந்த நன்றிகள்.

யாழ்பல்கலைக்கழக வாழ்க்கையில் பலதுறைகளைச் சேர்ந்த விரிவுரையாளர்கள் எனது அறிவை மேலும் வளர்த்துக் கொள்ள

பரிசோதனைக் கூடங்களில் பயிற்சியின்போது உபயோகப்படுத்தப்பட்ட உபகரணங்கள்

உதவினர்.1975இல் கடமைக்கு வந்த சிங்களப் பேராசிரியரும், தலை சிறந்த மனிதப் பண்பாளருமான சுசாரித கம்லத் சிங்கள மொழிக்கும் - தமிழுக்கும் உரிய தொடர்புகள், சிங்களப் பண்பாடு போன்றவற்றின் அடிப்படை அம்சங்கள் போன்றவைகளை கற்றுக்கொடுத்தார். சிங்கள மொழி பற்றிய எனது பல சந்தேகங்களை நீக்கிக்கொள்ளப் பெரிதும் உதவி புரிந்த இவர் நான் மதிக்கும் பல மனித நேயமுள்ள சிங்கள மனிதர்களில் முக்கிய இடம் பெறுபவராவார்.

இந்நூலில் காணப்படும் சில படங்கள், The Hindu பத்திரிகையின் Archivesல் கிடைத்தவை. இப்பத்திரிகையின் காரியாலயத்திற்கு என்னை அழைத்துச் சென்று நூலகர்களிடம் அறிமுகப்படுத்தியதுடன் அப் பத்திரிகையின் சேமிப்பிலுள்ள புகைப்படங்களைப் பெற்றுக்கொள்ள உதவியவர் சென்னைப் பல்கலைக்கழக Centre for South and Southeast Asian Studies துறையின் முன்னாள் பேராசிரியரான சூர்யநாராயன் ஆவார். மேலும் இந்நூல் வெளிவருவதற்காக என்னை உற்சாகப்படுத்தியதுடன் பல கருத்துக்களையும் சொன்னார்.அவருக்கு எனது நன்றிகள்.

இந்நூல் உருவாக்கத்திற்காக நான் தமிழில் எழுதியவற்றை ஆங்கிலத்தில் மொழிபெயர்க்கப்பலர் உதவினர், இத்தகைய மொழி பெயர்ப்புகளில் உதவிய பொன்னுத்துரை பாலநாதன் அவர்கட்கும் எனது நன்றிகள்.

தென்னாசிய மக்களின் வரலாறு, தொல்லியல், மரபுயிரியல் சம்பந் தப்பட்ட ஏராளமான கட்டுரைகளைத் தொடர்ந்து தந்துதவிக் கொண்டிருப் பவர் விசாகப்பெருமாள் வசந்தன். அவருக்கு எனது நன்றிகள்.

தட்டச்சு செய்வதில் உதவிபுரிந்த தி. துஷாந்திற்கும், பல வழிகளிலும் எனக்குதவியதுடன், இந்நூலின் பதிப்பு சம்பந்தமான சகல முயற்சிகளையும் செய்து ஊக்குவித்த ஆனந்தமுருகனுக்கும் அவரது குடும்பத்தினருக்கும் எனது மனங்கனிந்த நன்றிகள்.

இறுதியாக இந்நூல் வெளிவருவதற்கான ஊக்கத்தை எனக்களித்து வரும் எனது மனைவி ஷைலகுமாரிக்கும், நூல் தயாரிப்பில் நான் ஈடுபட்ட வேளைகளில் எனது முழுநேரத்தையும் அதில் செலவிட்டதால் தந்தையிடமிருந்து பெற்றிருக்க வேண்டிய சுகங்களைப் பொறுமையுடன் தியாகம் செய்த மகன் நிரூஷனுக்கும், மகள் சிந்துஜாவுக்கும் அன்பான நன்றிகள்.

25 September 2010
London

சுப்பிரமணியம் விசாகன்
svisahan@yahoo.co.uk

மதிப்புரை

இதுவரை மனிதகுல வரலாற்றை ஆய்வு செய்ய மரபுரீதியான வழிகள் பல கையாளப் பட்டுள்ள 21ஆம் நூற்ருண்டில் விஞ்ஞான வளர்ச்சியின் உச்சகட்டமான DNA எனப்படும் ஆய்வு பல புதிய உண்மைகளே எடுத்துப் பல புதிய விளக்கங்களே மனிதஇன வரலாற்றுத் துறைக்கு வழங்கியுள்ளது. இம்முறை 21ஆம் நூற்ருண்டின் இலட்சினே (21st Century icon) என்றும் அழைக்கப்படுகிறது.

இலங்கை மக்களின் இனவியல்பண்புகளே ஆய்வு செய்தவர்கள் இதுவரை DNA வழியில் செய்யவில்லே. மானிட வியலாளர் சுப்பிரமணியம் விசாகனின் இப்புதிய முயற்சியானது இலங்கை இன வரலாறு பற்றிய பல புதிய உண்மைகளே வெளிக் கொண்டு வந்துள் ளது. மேலும், இத்தகைய ஆய்வுப் போக்கால் எதிர்காலத்தில் வெளிவர இருக்கும் இலங்கை இன வரலாற்று உண்மைகள் மனித வர்க்கத்திஞல் ஏற்றுக் கொள்ளக்கூடியதும். விஞ்ஞானரீதியானதுமாக அமையப் போகிறது என்பதில் ஐயமில்லே.

இதுவரை இலங்கையின் வரலாறு இன, மத அடையாளங்களின் அடிப்படையிலான கருத்துக்களாலும், மாயையான கற்பனே வரலாற்றின் அடிப்படையிலும் வெளிவந்துள்ளது. இது இலங்கையில் மனித வர்க்கம் பேரழிவையே சந்திக்கும் இன்றைய நிலேக்கு இட்டுச் சென்றுள்ளது. மேற்கு நாடுகளின் உயர் கல்வி நிறுவனங்களின் பரிசோதனேக் கூடங்களில் இலங்கை, இந்திய மக்களின் DNA மாதிரிகள் ஆய்வு செய்யப்பட்டு, சர்வதேச தரம் வாய்ந்த விஞ்ஞான சஞ்சிகைகளில் வெளியிடப்பட்ட கட்டுரைகளே ஆதாரமாக உபயோகித்தமை இந்நூலின் தரத்தை மிக உயர்த்தியுள்ளது.

இலங்கை நாட்டின் வரலாறு மட்டுமல்லாமல் உலகின் சகல நாடுகளின் மக்கள் குடியமைவுகளே DNA மூலம் ஆய்வு செய்தால் வரலாற்று ரீதியாக இருக்கும் குருட்டுணர்வு (Historical Blindness) நீக்கப்பட்டு உண்மை வரலாறு வெளி வரும். இத்தகைய வழிகளில் எதிர்கால மானிட வர்க்க

ஆய்வுகள் நிகழ்த்தப்பட இந்நூல் உருவாக்கம் மிகச்சிறந்த வழி காட்டியாக அமையும். இதனுல் இந்நூல் மிகவும் தனித்துவம் வாய்ந்ததாக உள்ளது. திரு. விசாகனின் பணி மேலும் தொடர்ந்து வளர்ச்சிபெற எனது மனமார்ந்த ஆசிகள்.

இந்நூல் ஆங்கிலத்திலும் சிங்களத்திலும் வெளிவர வேண்டுமென விரும்புகிறேன்.

Pondicherry Institute of Linguistics and Culture   **Bhakthavatsala Bharathi** Ph.D.
Pudhucherry - 605008
September 2010

பொருத்தமான தமிழ் கலைச்சொல் யாது?

Deoxyribo Nucleic Acid (DNA) எனும் ஆங்கில கலைச்சொல்லிற்கு தமிழில் மரபணு என்ற சொல் உபயோகப்படுத்தப் படுவதால் தவறான கருத்தை பிரதிபலிப்பதன் மூலம் ஏற்கெனவே வேறு கருத்தினைக் கொண்டிருக்கும் சொல்லுடன் சேர்க்கப்பட்டு பல முரண்பாடுகள் ஏற்படுகின்றன.

DNA-யை கருத்துப்பட மொழிபெயர்த்தால் பின்வரும் வாக்கியங்களில் அழைக்கலாம்.

1. உயிர்வளி விலக்கிய உயிர்ம அமிலம்

அல்லது

2. உயிர்வளி நீக்கப்பட்ட துகள் கருக்காடி.

இத்தகைய சொற்களின் பிரயோகமானது பல குழப்பங்களுக்கும், முரண்பாடுகளுக்கும் வழிகோலுவதால் எல்லோருக்கும் புரியக்கூடிய DNA என்ற பதத்தையே தற்காலிகமாக உபயோகிக்க வேண்டியுள்ளது.

*

இலங்கையில் மனிதக் குடியமைவு

1

நவீன மனிதனின் தோற்றமும் பூமியின் பல்வேறு பாகங்களில் அவன் பரம்பலும்

பல மில்லியன் ஆண்டுகட்கு முன் பூமியில் தோற்றம் பெற்ற உயிரினங்கள் பரிணுமத்தின் பாதையில் பல அழிந்தொழிந்தும், எஞ்சியவை உருமாறி தற்காலத்தில் வாழ்ந்தும் வருகின்றன. ஏனைய உயிரினங்களை விட மிக வேறுபட்ட வகையில் மனிதன் மாற்றமடைந்தான். மனிதனின் தோற்றம் பற்றிய கதை 2.5 மில்லியன் ஆண்டுகட்கு முன்பு ஆபிரிக்க சமவெளியில் ஆரம்பித்தது. இம்மனித இனமானது ஆபிரிக்காவில் மட்டுமின்றி ஐரோப்பாவிலும் ஆசியாவிலும் சுமார் 5 மில்லியன் ஆண்டுகட்கு முன்பு பரவியிருந்த ஒருவகை மனிதக் குரங்குகளின் வம்சாவளிகள்தான். சமதரைகளில் காணப்பட்ட மாமிசபட்சணிகளிடமிருந்து தமது உயிரினைப் பாதுகாக்க முன் எச்சரிக்கையாகச் சுற்றுப்புறமும் பார்க்க வேண்டிய தேவை ஏற்பட்டது.

இத்தகைய வாழ்வா சாவா என்கிற சூழல்களிலிருந்து தப்ப, உயிர் கொல்லி மிருகங்கள் பற்றிய விபரங்களை அறிய நிமிர்ந்து நிற்கும் ஆற்றலைப் பரிணுமப் பாதையில் பெற்றன.

நிமிர்ந்து நிற்கும் ஆற்றலைப் பெற்ற குரங்காக ஹோமோ இரக்டஸ் உருவாகிற்று. இவற்றின் மண்டையோடுகள், எலும்புகள், பிற எச்சங்கள் ஒவ்வொரு இடத்திலும் கண்டுபிடிக்கப்பட்டபோது கண்டெடுக்கப்பட்ட, இடங்களின் பெயரால் அவை அழைக்கப்பட்டன. ஜேர்மனியில் நியண்டதார் எனும் இடத்தில் கண்டுபிடிக்கப்பட்டவைகளை நியண்டதார் மனிதன் என்றும், ஜாவாவில் கண்டெடுக்கப்பட்ட எச்சங்களை வைத்து

ஜாவா மனிதன் என்றும், பீக்கிங்கில் கண்டெடுக்கப்பட்டவற்றைக் கொண்டு பீக்கிங் மனிதன் எனவும் அழைக்கப்பட்டனர். இந்தியாவில் நர்மதை ஆற்றங்கரையிலும், சிவாலிக் பள்ளத்தாக்கிலும் ஹோமோ இரக்டசை ஒத்த தடயங்கள் அகப்பட்டுள்ளன.

ஹோமோஇரக்டஸ் தீயின் உபயோகத்தைப் பற்றிய அறிவையும், வேட்டையாடல் சம்பந்தப்பட்ட கற்கருவிகளை உருவாக்கும் அறிவினையும் பெற்றிருந்தனர். இவர்கள் முகத்தில் காணப்பட்ட தனித்தனி தசைக்கட்டுக்கள், உதடுகள், கன்னத் தசைநார்கள், நெற்றி, கண், புருவங்கள் போன்றவற்றைப் பல வழிகளில் அசைக்க முடிந்ததால் ஹோமோ இரக்டஸினுல் தகவல்களைப் பரிமாற முடிந்தது என டேவிட் அட்டன் பரோ Life on Earth எனும் நூலின் 'தகவல் தொடர்பில் தேர்ச்சியடைந்தவர்கள்' எனும் இறுதி அத்தியாயத்தில் கூறியவை கவனிக்கற்பாலது. இவ்வகை மனிதர்களைவிடத் தனிக் கிளையாக கி.மு. 160,000 ஆண்டுகட்கு முன் பரிணாமப் பாதையில் உருவாகிய ஹோமோ சப்பியன்ஸ் எனும் இன்றைய மனிதர்களின் முன்னோடிகளினால் ஹோமோ இரக்டஸ் முழுவதுமாக அழிக்கப்பட்டதாக அவர்களின் எலும்பு எச்சங்களில் இருந்து ஊகிக்க முடிகிறது.

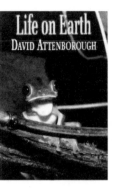

இந்நிகழ்வுகள் சம்பந்தமாக விஞ்ஞான ரீதியான முடிவுகளை எட்ட 21ஆம் நூற்றுண்டின் ஆய்வுத்துறையில் முக்கிய இடம் பெறும் துறையாக DNA எனும் மரபுயிரியல் (Genetics) பரிசோதனைமுறை இடம் பிடித்துள்ளது. இன்று பூமியில் வாழும் சகல மனிதர்களும் உயிருடன் நடமாடிக் கொண்டிருக்கும் வரலாற்றுச் சுவடுகளாகும். இச்சுவடுகள் DNA பரிசோதனைகள் மூலம் ஆய்வு செய்யப்பட்டால் மனிதப் பரம்பல் பற்றிய புதிய தகவல்கள் வெளிவரும். தற்காலத்தில் ஓர் இடத்தில் வாழுகின்ற மக்களுக்கும் பிறிதொரு இடத்தில் வாழ்ந்து கொண்டிருக்கின்ற மக்களுக்கும் இடையிலுள்ள மரபணு மாதிரிகளை வைத்து மனிதனது பரம்பலை ஆரம்பகாலம் முதற்கொண்டு இன்றுவரை அறிந்து கொள்ள முடியும்.

மனிதர்களது உடல் கோடிக்கணக்கான உயிர்க் கலன்களைக் கொண்டது. இக்கலன்களிலுள்ள மையத்தில் ஜீன்கள் (மரபணுக்கீற்று) காணப்படுகின்றன. இத்தகைய ஜீன்களில் காணப்படும் மரபணுக்களில்

(DNA) இரட்டைச்சுருள் வடிவில் (Double Helix) அமைக்கப்பட்ட புரதச் சேர்க்கை காணப்படு கின்றன. இவை நிபந்தனைப்படி விதிக்கப்பட்ட ஒழுங்கில் சேர்க்கப்பட்டுள்ளன. மரபணுக்கள் விரை வில் அழிந்து விடுபவையல்ல, மனிதர்களின் மரணத்தின் பின்பு 50,000 வருடத்திற்கு முற்பட்ட மரபணுக்கூறுகளை இன்றும் அடையாளங் காணமுடிகிறது.

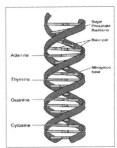

ஜீன் ஒழுங்கில் ஏற்படும் மாற்றம் (Mutation)

காலப்போக்கில் ஜீன்களின் ஒழுங்கமைப்பில் மாற்றங்கள் உருவாகலாம். இம்மாற்றங்கள் பின் தோன்றும் சந்ததி வழியாகத் தொடரும்.

தொல் மரபுயிரியல் ஆய்வாளர்கள் ஒரு குடும்பமரத்தில் (Family Tree) துளிர்விடும் புதிய கிளைகளை இம்மாற்றங்களை வைத்தே இனங் காண்பர் (DNA and Family History by Chiris Pomery).

ஆண் பெண் தலைமுறைகள் பற்றிய ஆய்வு முறைகள்

ஆண் பெண் இனச் சேர்க்கையில் புதிய கரு உருவாகும்போது குரோமசோம்கள் பல வகையான பிரித்தலுக்கும், சேர்த்தலுக்கும் உட்படு கின்றன. ஆனால் இரண்டு மரபுக் கூறுகளும் மாற்றங்களுக்கு உட்படு வதில்லை.

ஒவ்வொரு மனிதனும் 2 பெற்றோர்களையும் 4 பாட்டன் பாட்டி களையும் 8 பூட்டன் பூட்டிகளையும் உடை யவர்களாக இருப்பினும் இத் தலை முறைகளாவன பின்னோக்கிச் செல்லச் செல்ல தலைமுறை உறவுமுறைகள் நீண்டு கொண்டு போகும்.

இப்பட்டியலானது பின் நோக்கிச் செல்லச்செல்ல மனிதர் யாவரும் ஒரு கட்டத்தில் ஒரு பொது மூதாதையரின் வழித்தோன்றல்களே என்பது புலனாகும். இத்தகைய தலைமுறைத் தொடர்ச்சியினை Chiris Pomery என்பவர் DNA and Family History எனும் நூலில் விரிவாக விளக்கியுள்ளார்.

ஸ்பென்சர் வேல்ஸின் ஆண் வழித் தலைமுறை ஆய்வு:

Y குரோமசோம் என்பது ஆண்களை இனங் காணச் செய்யும் மரபுக் கூறுகளைக் கொண்டது. பெண்களில் இவை உறங்கிக் கொண்டிருக்கும். இவை எவ்வித மாற்றத்திற்கும் உட்படாதது. ஒரு ஆணிடம் காணப்படும் Y குரோமசோமைக் கொண்டு அவரது தந்தையை, தந்தையின் தந்தையான பாட்டனை, பாட்டனது தந்தையான பூட்டனை அவர்களது ஆண் தலைமுறையினரை 100,000 ஆண்டுகட்கு மேலாக அவர்களது தலைமுறையின் ஆரம்பம்வரை இனங்கண்டு கொள்ள முடியும் என்பதனை ஸ்பென்சர் வேல்ஸ் 'The Journey of Man: A Genetic Odyssey' எனும் நூலில் விளக்கியுள்ளார்.

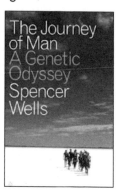

ஸ்டீபன் ஓப்பன்கைமரின் பெண் தலைமுறை ஆய்வு

உயிர்க் கலன்களில் காணப்படும் தாய்வழி மரபணு (Mitochondrial DNA : mt.DNA எத்தகைய மாற்றங்கட்கும் உட்படாதவை. ஒரு மனிதனிடம் காணப்படும் தாய்வழி mt.DNAயின் அடிப்படை யில் அவனது தாயை, தாயின் தாயான பாட்டியை, பாட்டியின் தாயான பூட்டியினை தொடர்ந்து பின் நோக்கிச் சென்று ஆரம்பகாலம் வரை இனங்காண முடியும். இத்தகைய வழியில் ஆய்வு செய்வதன் மூலம் மனிதனின் தோற்றம் ஆரம்பித்த ஆபிரிக்காவிலிருந்து இன்றைய உலகின் சகல மூலைமுடுக்குகளிலும் பரவி வாழ்ந்து கொண்டி ருக்கும் மனிதனது ஆரம்பம் வரை கண்டு கொள்ள முடியும். ஸ்டீபன் ஓப்பன்கைமர் 'Out of Eden: The peopling of the world' எனும் நூலில் இம்முறை பற்றி விரிவாக விளக்கியுள்ளார். ஆண்வழி,பெண்வழி ஆய்வுகள் மனிதன் ஆபிரிக்காவில் தோற்றம்பெற்று உலகின் பல பாகங்கட்கும் பரவினான் என்பதை உறுதிப்படுத்தியுள்ளன. ஆண்வழி மூலமான தலைமுறை ஆய்விற்கும் பெண்வழி மூலமான தலைமுறை ஆய்விற்குமிடையே 20,000 வருடங்கள் வித்தியாசங் காணப்படுகிறது. மரபணு ஆய்வுமுறையானது வளர்ச்சியடைந்து கொண்டிருக்கும் ஒரு

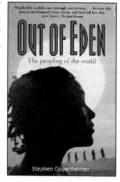

விஞ்ஞானத்துறை என்பதனால் எதிர் காலத்தில் ஏற்படப்போகும் வளர்ச்சியினால் இச்சிறு குறைபாடுகள் நீங்கும் என எதிர் பார்க்கலாம்.

இந்தியாவை நோக்கிய நகர்வுகள்

இ.மு. 115,000ற்கும் 12,000ற்கும் இடைப் பட்ட காலத்தில் கடல் மட்டம் இன்றுள்ளதைவிட 100-120 மீற்றர் தாழ்வாக உலகம் முழுவதும் காணப்பட்டதாக UNDERWORLD : The Mysterious Origins of Civilization எனும் நூலில் Graham Hancock குறிப்பிடுகிரூர்.

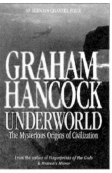

மேலும் இலங்கை தென்னிந்தியாவோடு நிலப் பரப்பால் ஒரே தோற்றமாகக் கொண்டிருந்ததாக Graham Hancock குறிப்பிடுகிரூர்.

Openheimer ஆபிரிக்காவில் இருந்து புறப்பட்ட மனிதர் செங்கடல் வாயைக் கடந்து அரேபியக் கடற்கரை வழியாகத் தங்கள் குடும்பங்களுடன் இடம் பெயர ஆரம்பித்தனர் எனவும் இவர்களில் சில குடும்பங்கள் சில இடங்களில் தங்கிவிட மற்ற

Graham Hancock குறிப்பிடுவதை மையமாகக் கொண்டு உருவாக்கப்பட்ட கற்பனை வரைபடம்

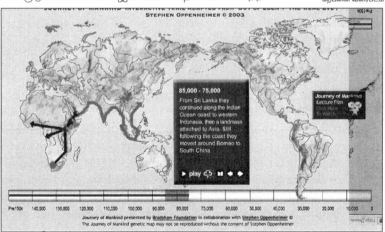

ஆபிரிக்காவிலிருந்து புலம்பெயர்ந்த ஹோமோ சப்பியன்ஸ் இந்தியா, அவுஸ்ரேலியா, சீனு போன்ற நாடுகளுக்குக் கடற்கரையோரமாகப் புலம்பெயர்ந்த பாதை

வர்கள் மேலே சென்றனர் என்றும் 80,000 ஆண்டுகட்கு முன்பு பிரயாணத்தை ஆரம்பித்தவர்கள் 74,000 (கி.மு) ஆண்டுகளின் பின்பு தென்னிந்தியாவை வந்தடைந்ததாகவும் குறிப்பிடுகின்றார்.

அண்மையில் Prof.RM.Pitchappan தென்னிந்தியாவில் ஜோதி மாணிக்கம் கிராமத்தில் நடத்திய ஆய்வில் Virumandi Andithevar குடும்பத் தினரிடையே ஆபிரிக்க ஆதி மனிதனது m130 எனும் குரோமசோம் தட யங்களைக் கண்டுபிடித்துள்ளார்.

DNA Shows 70,000 Year Link

A 30-year-old systems administrator from a small village close to Madurai in Tamil Nadu has been identified as one of the direct descendants of the first ever settlers in India, who had migrated from the African coast some 70,000 years ago.

The DNA of Virumandi Andithevar, one of the circa 700 inhabitants of Jothimanickam village, matched the white chromosome marker scientifically labeled "M130", which is a gene found only among the descendants of the African migrants who had spread across the world tens of thousands of years ago. "This young man and 13 members of his nine-generation clan carried the same marker in their genes. It means that his ancestors in all probability settled in this village several generations ago," said Prof. Rm Pitchappan, who led a team of scientists tracking the "M130" DNA.

இவ்வாறு தொடர்ந்து மனிதர்கள் கடற்கரையோரமாக நகர்ந்து இ.மு. 74,000 ஆண்டளவில் மலேயா தீபகற்பத்தை அடைந்து இ.மு. 65,000 அளவில் அவுஸ்ரேலியாவில் குடியேறினர். தென்கிழக்காசியா வில் இருந்து தென்சீனவை இ.மு. 72,000 ஆண்டளவில் அடைந்தமை லியுஜீயாங் பகுதியில் கண்டெடுக்கப்பட்ட நவீன மனிதனது மண்டை யோட்டை C-14 முறைமூலம் பரிசோதித்து உறுதி செய்யப்பட்டுள்ளது.

ஐரோப்பிய நகர்வுகள்

நவீன மனிதன் அவுஸ்ரேலியாவை அடைந்து இ.மு. 3000 ஆண்டு கட்கு பின்னரே ஐரோப்பாவை அடைய முடிந்தது. பொருத்தமான காலநிலை காணப்பட்ட வேளையில் கிழக்கு ஆபிரிக்காவிலிருந்து நைல் தாழ்வார வழியாக நடந்து, மத்தியதரைக்கடல் நாடுகளில் சிறிது காலம் தங்கியபின், ஒரு பெருங்கிளை ஆசியாவிற்கும், மற்றைய பெருங்கிளை ஐரோப்பாவிற்கும் இடம் பெயர்ந்தது. ஆசியக்கிளையிலிருந்து அரேபியா, ஈரான், ஈராக், ஆப்கானிஸ்தான், வடஇந்தியா, ரஷ்யா, சீன, ஜப்பான் ஆகிய நாடுகட்கும், ஐரோப்பியக்கிளையிலிருந்து, பிரித்தானியா, அயர் லாந்து உட்பட ஐரோப்பிய நாடுகட்கும் நவீன மனிதர்கள் பரம்பினர். இப்பரம்பல் இ.மு. 50,000 தொடக்கம் இ.மு. 30,000வரை நீடித்தது.

அமெரிக்க நகர்வுகள்

உலகில் நவீன மனிதன் கடைசியாகக் காலடி எடுத்து வைத்த கண்டம் அமெரிக்கா. இ.மு. 30-28,000 காலப் பகுதிகளில் வடசீனு, ஜப்பான், அமெரிக்கா போன்றவை பனிக்கட்டிகளினுல் உறைந்து சமுத்திரங்கள் அற்ற நிலப்பகுதியாகக் காணப்பட்டது. வடசீனு, ஜப்பான் போன்ற நாடுகளிலிருந்து மனிதர்கள் கால்நடையாகவே உறைந்த நிலையில் காணப்பட்ட பேரிங் தொடுகடல் பிரதேசத்தினூடாக வந்து, இன்றைய கனடா, அமெரிக்கா போன்ற நாடுகளில் குடியேறியனர். சீனு, ஜப்பான் நாட்டவர்களது DNAயும் இன்று அமெரிக்கா, கனடாவில் வாழும் செவ்விந்தியரது DNAயும் ஒத்திருப்பது நிரூபிக்கப்பட்டுள்ளது.

இச்செவ்விந்தியர்களது சந்ததியினரே தென்னமெரிக்காவை நோக்கி நகர்ந்து இன்கா (Inca), மாயா (Maya) நாகரிகங்களை உருவாக்கினர்.

மனித பேதங்கள்

உலகில் சகல நாடுகளிலும் பரவியுள்ள மனிதர்கள் யாவரும் ஒரே குடும்பவிருட்சத்தின் வழிவந்தவர்களே. ஆனுல் இவர்களது தோற்றம், நிறங்கள், வடிவமைப்பு போன்றவை ஒத்தவையாக இல்லை. ஒரு மனிதன் ஆதியில் கறுப்பு நிறத்திலிருந்து பின்பு செப்பு நிறத்திற்கு மாறி, பின் வெள்ளைத் தோலைப் பெற 20,000 ஆண்டுகள் வரை செல்லுமென ஸ்டீபன் ஓப்பன் கைமர் விளக்கியுள்ளார்.

ரோபா எரிமலை பேரழிவு

இ.மு. 74,000 ஆண்டளவில் சுமத்திராவில் ரோபா எனும் எரிமலை வெடித்ததினுல் இந்திய உப கண்டம் பேரழிவைச் சந்தித்தது. இவ்வெடிப்பினுல் 5 மீட்டர் அளவில் எரிமலைச் சாம்பல் இலங்கை, இந்தியா, பாக்கிஸ்தான் நாடுகளை மூடியதால் அப் பிரதேசத்தில் வாழ்ந்த பல உயிரினங்கள் அழி வுற்றன. இப்பிரதேசங்கள் மீண்டும் சகஜ நிலைக்குத் திரும்பப் பல ஆயிரம் ஆண்டுகள் பிடித்தன.

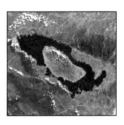

முன்பு அவுஸ்ரேலியாவிலும் தீமோர் நாடுகளிலும் வாழ்ந்து கொண்டிருந்த அவுஸ்ரேலிய பழங்குடியினர் மீண்டும் வந்து இப்பிரதேசங்களில் குடியேற ஆரம்பித்தனர்.

பூமியில் மனிதப் பரம்பல்பற்றிய பூரண அறிவைப் பெற www.bradshawfoundation.com/journey என்ற இணையதளத்தினைப் பார்க்கவும். இதன் பின்பு ஒவ்வொரு தடவையும் தென்படும் Play என்ற இடத்தில் கிளிக் செய்து கொண்டே போனல் ஒவ்வொரு காலகட்டமாக பூமியில் மனிதப் பரம்பல் தொடர்ந்து பரவிக் கொண்டு போகும் விதம் விபரமாக அறிய முடிகிறது. இத்தளத்தில் எழுத்துக்கள் மூலமும், ஒலி மூலமும் தெளிவாக அறியலாம்.

●

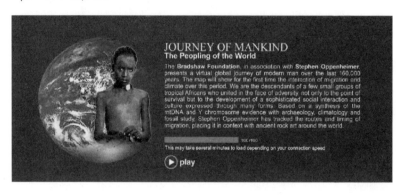

2

இலங்கையில் மனிதக் குடியமைவு பற்றி நிலவுங் கருத்துக்கள்

ஒரு பிரதேசத்து மனிதக் குடியமைவு பற்றிய விஞ்ஞானரீதியான உண்மைகளை ஆராயப் பல துறைகளின் மூலமான பன்முகப் பார்வை பார்த்து எடுக்கும் முடிவுகளே ஏற்றுக் கொள்ளக்கூடியதாகும். இவ்வகையில் பெறப்படும் சான்றுகள் திட்டவட்டமான காலத்தை உறுதி செய்யப் படக் கூடியதாய் அமைதல் வேண்டும். காலத்தை உறுதி செய்யக் கூடிய துறைகளாக குடிசன மரபுயிரியல் (Population Genetics) அகழ்வாய்வு, சாசனவியல், நாணயவியல், மானிடவியல், வரலாற்று மொழியியல், வரலாற்றுப் புவியியல் போன்றவைகளைக் குறிப்பிடலாம்.

இலக்கியங்கள் மூலம் பெறப்படும் தரவுகளைக் கொண்டு குடியமைவு நிகழ்ந்த காலத்தினை உறுதி செய்ய முடியாது. மேலும், இலக்கியங்களில் விபரிக்கப்பட்டவைகளின் நம்பகத்தன்மையும் கேள்விக்குறியாகிறது. இவ்வகைகளில் பாளி, சிங்களம், தமிழ் மொழிகளில் வெளிவந்த இலக்கியங்களும் அடங்கும். நடைமுறை சாத்தியமற்ற கட்டுக்கதைகள், அதியற்புத நிகழ்வுகளையடக்கிய சமயக் காப்பியங்களாகவே இவை காணப்படுகின்றன.

கி.பி. 5ஆம் நூற்றாண்டைச் சேர்ந்த மகாவங்சத்தினை, முதல் உதாரணமாகக் காட்டலாம். இந் நூலானது மகாநாமர் எனும் பௌத்த துறவியினால் அனுராதபுரத்து மகாவிகாரையை மையமாகக் கொண்டு எழுதப்பட்ட தேரவாத சமயப் போதனைகளை விளக்கும் ஒரு தல புரணமாகும். 'ஏறத்தாழ சமகாலத்தில் தமிழ் மொழியில் சீத்தலைச்சாத்தனாரின் ஆரம்பகால மகாயானத் தத்துவங்களை அடக்கிய 'மணிமேகலை' என்ற நூலினையும்

குறிப்பிடலாம். இந் நூலில் மணிபல்லவம் (நாகநாடு) தற்கால யாழ்குடா நாடு பற்றிய செய்திகள் சமயக் காப்பிய முறையில்' எழுதப்பட்டுள்ளன.

இவையிரண்டு இலக்கியங்களும் சமயப் பிரசாரங்களே மையமாகக் கொண்டு காணப்படுவதைக் காண முடிகிறதேயொழிய மிகச்சொற்ப அளவிலேயே மனிதக் குடியமைவு பற்றிய தரவுகள் ஆங்காங்கே காணப் படுகின்றன. இக்கருத்துக்களே இரண்டு மட்டங்களில் இருந்து நோக்கலாம். குடியமைவு பற்றிய வரலாற்றை ஆய்வு செய்தல் குடியமைவு வரலாற்றி யல் (History of Peopling) என்றும், இவ்வழியில் எழுதப்பட்டதை ஆய்வு செய்வது குடியமைவு வரலாற்றெழுதுகை (Historiography of Peopling) என்றும் அழைக்கலாம்.

குடியமைவு வரலாற்றியல் (History of Peopling)

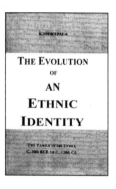

இலங்கையில் குடியமைவு பற்றிய தனி நூலாக எதுவும் வெளிவராத நிலேயில் இலங்கை வரலாறு என எழுதப்பட்ட நூல்களிலேயே குடியமைவு பற்றிய செய்திகள் உள்ளடக்கப்பட்டிருந்தன. இவ் வரலாறுகளேக் காலனித்துவ காலப் படைப்புக்கள் என கலாநிதி கா. இந்திரபாலா The Evolution of an Ethnic Identity எனும் நூலில் விபரித்துள்ளமை கவனிக்கப்பட வேண்டியதாகும். 19ஆம் நூற்ருண் டின் ஆரம்பத்தில் பாளி வரலாற்றேடுகளான தீப வங்ஸ, மகாவங்ஸ நூல்கள் ஆங்கிலத்தில் மொழி பெயர்க்கப்பட்டன. இதே காலத்தில் அனுராதபுரம், பொலநறுவை போன்ற இலங்கையின் புராதன நகரங்கள் பற்றி மேலாய்வு செய்யப்பட்டு அவை பற்றிய செய்திகளும் வெளிவரத் தொடங்கின. ஆங்கிலத்தில் மொழி பெயர்க்கப்பட்டிருந்த நூல்களின் அடிப்படையில் புதிய நகரங்கள் பற்றிய வரலாறு ஆங்கிலத்தில் எழுதப்பட்டது.

இந்நூல்களில் சிங்களமக்களே இலங்கையின் முறையான குடிமக்கள் என்றும் தமிழ்மக்கள் தென்னிந்தியாவில் இருந்து வந்த படையெடுப்பாளர் என்றும் விளக்கமளிக்கப்பட்டது. இக்கருத்துத் தோன்றி வெகுகாலம் செல்லுமுன் சிங்களமக்கள் ஆரியர் என்றும் தமிழ்மக்கள் திராவிடர் என்றும் அடிப்படை வரலாற்று ஆதாரங்களே ஆராயாது விளக்கமளிக்கப்பட்டது. இவையே இலங்கை பற்றிய காலனித்துவ கால வரலாற்று நூல்களாக விளங்கின. (மேற்படி கா. இந்திரபாலா) இலங்கையின் குடியமைவு

ஆரியர் வருகையுடன் ஆரம்பமாகிறது எனுங்கருத்து சிங்களமொழி பேசும் கல்விமான்கள், பௌத்த குருமார், அரசியல்வாதிகளிடையே மிகப் பரவலாக வளர்ச்சி பெற்றுத் தற்காலத்தைய பௌத்த சிங்களத் தேசிய வாதத்துக்கு அடிப்படைத்தத்துவமாக அமைந்துள்ளதைக் காணமுடிகிறது.

தமிழ் மொழி பேசுவோர் மத்தியில் குடியமைவு பற்றிய வரலாற்றியல்

ஏற்கெனவே குறிப்பிட்டது போல மணிமேகலையில் நாகர் எனும் இனக்குழு வாழ்ந்தமை பற்றிய செய்திகள் தெரியவந்தாலும், தமிழர் வரலாறுகக் கருதக் கூடிய செய்திகள் இல்லாது மகாயான பௌத்த சமயக் கருத்துக்களைப் பிரசாரஞ் செய்யும் ஒரு காப்பியமாகவே அந்நூல் காணப் படுகிறது. இந்நூலைவிட கைலாயமாலை, வையாபாடல், யாழ்ப்பாண வைபவமாலை, யாழ்ப்பாண வைபவ விமர்சனம், யாழ்ப்பாணச் சரித்திரம் போன்ற பல்வேறு ஆசிரியர்களால் எழுதப்பட்டவை உட்பட. மட்டக் களப்புமான்மியம் போன்றவைகளில் இருந்தும் தமிழர் குடியமைவு பற்றிய செய்திகள் காணப்பட்டாலும் அவையாவும் மகாவங்சத்தில் குறிப்பிடப்படும் விஜயன் வருகை பற்றிய செய்தியுடனேயே ஆரம்பிக் கின்றன. இத்தகைய நூல்களில் பெரும்பாலானவை வரலாற்றினைச் சிலவிடத்து நம்பகத்தன்மையோடும் பலவிடத்து நம்பகமற்ற விடயங்களை விபரிக்கின்ற நூல்களாகவே காணப்படுகின்றன.

ஏற்கெனவே சிங்களமொழியில் உருவாக்கப்பட்டிருந்த பௌத்த சிங்களத் தேசியவாதக் கருத்துக்களைச் சவால் மூலம் எப்படி எதிர் கொள்வது என்ற வழியிலேயே பல தமிழ் நூல்கள் உருவாக ஆரம்பித்தன. இத்தகைய நூல்கள் தமிழ்மொழி பேசுபவர்கள் இலங்கையின் ஆதிக் குடியினர் என்றும், தந்தையினால் நாடு கடத்தப்பட்ட தீயவனான விஜயனும் அவனது சகாக்களும் இலங்கைத்தீவை அடைகை யில் தமிழர்கள் இலங்கையில் நீண்ட காலமாக வாழ்ந்து பல அரசுகளை நிர்வகித்து இந்து மதத்தை யும் பின்பற்றிச் சிறப்பாக வாழ்ந்தனர் என்றும், உதாரணங்களைத் தேடிக் கண்டுபிடித்து நிறுவ முயன்றன.

இதன் அடிப்படையில் தமிழ் மொழியில் பல நூல்கள் எழுதப்பட்டன, உதாரணமாக வசந்தா நட ராஜன் எழுதிய 'ஈழத்தமிழர் வரலாறு', வித்துவான் F.X.C. நடராசா எழுதிய 'மட்டக்களப்புமான்மியம்',

வி.சீ. கந்தையா எழுதிய 'மட்டக்களப்புத் தமிழகம்', கலாநிதி க.தா. செல்வ ராசகோபால் எழுதிய 'மட்டக்களப்பு மாநிலத்தின் பண்டைய வரலாற்று அடிச்சுவடுகள்', கீத பொன்கலன் எழுதிய 'பௌத்த சிங்களவரும் சிறு பான்மையினரும்' போன்ற நூல்களை குறிப்பிடலாம்

வன்னியில் அமைந்திருந்த சமூகக் கல்வி மன்றம் 'சமூகக்கல்வியும் வரலாறும்' (ஆசிரியர் கைநூல் 6-11) என்ற நூலை வெளியிட்டது.

இவற்றுள் சமூகக் கல்வியும் வரலாறும் என்னும் ஆசிரியர் கைநூல் சில வரலாற்றுண்மைகளைக் கூறினாலும் இலங்கையில் மனிதக் குடியமைவு பற்றிய உண்மையான வரலாற்று ஆதாரங்களைப் புறந்தள்ளிவிட்டு, தமிழரே இலங்கையின் ஆதிக்குடிகள் என்ற கருத்தை நிறுவும் வகையில் எழுதப்பட்ட நூலாக அமைந் திருந்தது.

இம்முயற்சிக்கென ஏராளமான இணையதளங்களும் உருவாக்கப்பட்டு 2000இல் இருந்து 2008 வரைத் தமிழ்த் தேசியவாதமானது விஞ்ஞான ஆய்வுகட்கு அப்பாற்பட்ட வரலாற்றுக் கருத்துக்களையடக்கிய வரலாருகப் பிரபல்யமடைந்து தமிழ் இளைஞர்களையும், தமிழ்மக்களையும் நம்ப வைத்தது.

நவீன அறிவியல் முறைப்படி ஆய்வு செய்யும் சிறு தொகை புலமை சார் அறிஞர் குழுவினால்கூட இருமொழி பேசும் மக்களிடையே நிலவுங் கருத்துக்களை முறியடிக்க முடியவில்லை.

குடியமைவு வரலாற்றெழுதுகை (Historiography of Peopling)

இதுவரை தமிழ்மொழியிலும், சிங்களமொழியிலும் தாம் எதனை உண்மை என நம்ப விரும்புகிறார்களோ அதனையே உண்மை வரலாறு என்ற கருத்துப்பட வரலாற்றை எழுதினர். இவ்வாறு வரலாறாக எழுதப் பட்டவைகளில் இனப்பக்கச்சார்பான வரலாற்றுக் கருத்துக்களே அதிகம் காணப்பட்டன. இப்படைப்புக்கள் இனக்குழு வேறுபாடுகளை வளர்ப் பதற்கே உதவின இதுவரை வரலாறாக எழுதப்பட்டவற்றை வரலாற்றுத் துறையில் ஆழ்ந்த அறிவும், பயிற்சியும் உடைய அறிஞர்கள் ஆராய்ந்து புதிய படைப்புக்களை வெளியிட்டனர்.

இம்முயற்சி ஜி.ஸி.மெண்டிஸ் எழுதிய Early History of Ceylon என்ற நூல் இதுவரை இலங்கை வரலாறு பற்றி எழுதப்பட்டவைகளை விமர்சன ரீதியாக ஆய்ந்து வெளிவந்த கருத்துக்களுடன் ஆரம்பமாகிறது. அண்மை காலத்தில் மானிடவியல், தொல்லியல், மரபுயிரியல் போன்ற துறைகள் மூலம் குடியமைவு பற்றிய கருத்துக்கள் வெளிவந்து இதுவரை வரலாறாக எழுதப்பட்டவற்றை விமர்சன ரீதியாகப் பார்க்கும் முறை பிரபல்யமடையத் தொடங்கியது. சிங்கள மூலாதாரங்களுடன் தமிழ் மூலாதாரங்களையும் பயன்படுத்தி உண்மைகளைக் கண்டறியும் நேர்மையான முயற்சிகள் இடம்பெற ஆரம்பித்தன. இவர்களுள் முன்னனி ஆய்வாளராக லெஸ்லி குணவர்த்தன விளங்கினார். அடுத்துக் குறிப்பிடத்தக்கவராக Social base of Early Buddhism in South East India and Sri Lanka என்ற ஆய்வை நடத்திய சுதர்சன் செனிவிரத்னவைக் குறிப்பிட லாம். இவரது ஆய்வின் மூலம் தென்னிந்தியாவும் இலங்கையும் ஆதிக்குடியமைவு நடந்த காலத்தில் ஒரே கலாச்சாரப் பிராந்தியமாகவே காணப்பட்டது என்ற கருத்து வெளி யாகியது. இவர்களுடன் கலாநிதி ஸிரான் தெரணியாகல, பேராசிரியர் சேனக பண்டாரநாயக்கா, பேராசிரியர் அமரதாஸ லியனகமகே போன்றோரும் குறிப்பிடத்தக்கவர்கள்.

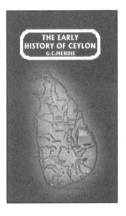

●

3

இலங்கையில் மனிதக் குடியமைவு பற்றிய மரபுயிரியல் ஆதாரங்கள்
The Genetic Evidences of Peopling in Sri Lanka

விஜயனதும் அவன் உடன்வந்தோரதும் வழிவந்தவர்களே இன்றைய சிங்களமக்கள் என்ற கருத்து அம்மக்களின் சமூக-உளவியற் கட்டமைப்பில் இடம் பிடித்துக்கொண்டதொன்று. இக்கருத்து, சிங்கள வரலாற்றியல் அணுகுமுறைகள் பலவற்றிற்கு அடிப்படையாகவும் இருந்திருக்கிறது; இருந்து வருகிறது.

இந்த அணுகுமுறைகளுக்கான சிந்தனை மூலங்களும் சான்றுகளும் தீபவங்ஸ, மகாவங்ஸ போன்ற பாளி-பௌத்த, புராண-வரலாற்றியல் படைப்புகளுக்கூடாகப் பெறப்பட்டவை. இவ்வாறுன ஐதீகச்சான்றுகள் வரலாற்று ஆதாரங்களாகக் கொள்ளப்படக்கூடியனவா என்ற கேள்வியுடன் மரபுயிரியல் விஞ்ஞான ஆய்வுகள் சில, கடந்த 30 ஆண்டுகளுக்கு மேலாக மேற்கொள்ளப்பட்டிருக்கின்றன.

இவ்வாய்வுகளேயும் முடிவுகள் வெளிவந்த விஞ்ஞான சஞ்சிகைகளேயும் 3 முக்கிய பிரிவுகட்குள் அடக்கலாம்.

1. 'விஜயனின் வருகை பற்றிய ஐதீகமும் சிங்கள இனத்தவரின் தோற்றமும்' ஆசிரியர் R.L. Kirk, American Journal of Physical Anthropology (1976) Vol. 45.

2. இலங்கைமக்களின் இரத்தத்தில் காணப்படும் மரபுக் குறியீடுகள். விஜயன் வருகை பற்றிய ஐதீகம் மறுபார்வை.

Blood Genetic Markers in Sri-Lankan Populations-A Re appraisal of the Legend of prince Vijaya by N. Saha, American Journal of Physical Anthropology (1987) Vol. 76.

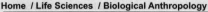

Home / Life Sciences / Biological Anthropology

American Journal of
PHYSICAL ANTHROPOLOGY
The Official Journal of the American Association of Physical Anthropologists

American Journal of Physical Anthropology
Volume 45 Issue 1, Pages 91 - 99
Published Online: 28 Apr 2005
Copyright © 2010 Wiley-Liss, Inc., A Wiley Compan
Article : The legend of Prince Vijaya-a study of Sinhalese origins,
R. L. Kirk

American Journal of Physical Anthropology
Volume 76 Issue 2, Pages 217 - 225
Article : Blood genetic markers in Sri Lankan populations - reappraisal of the legend of Prince Vijaya
N. Saha
Department of Physiology,
Faculty of Medicine,
National University of Singapore, Singapore 0511

3. இலங்கை மக்களிடையே காணப்படும் மரபுயிரியல் வேறுபாடுகள்.

Genetic Variations in Sri-Lanka by S.S. Papiha, S.S. Mastana and R. Jayasekara. 'Human Biology' Oct. 1996.

Genetic variation in Sri Lanka
(Special Issue on the Level of Genetic Differentiation in Populations of the Indian Subcontinent)
Human Biology
October 01, 1996
Papiha S.S., Mastana S.S.
Jayasekara, R.

Dr. கேர்க் அவுஸ்ரேலிய நாட்டின் கன்பரா நகரில் அமைந்துள்ள மருத்துவ ஆய்வு நிறுவனத்தினைச்சேர்ந்தவர்.

இவர் பின்வரும் இரண்டு வழிகளில் தனது ஆய்வினை மேற்கொண்டார்.

1. மரபுயிரியல் வழிவந்த குறியீடுகளுக்கிடையிலான உறவுத் தொடர்புகள்.

2. மரபுயிரியல் தலைமுறை இடைவெளித்தூரம் (Genetic Distance) பற்றிய ஆய்வு.

மரபுயிரியல் வழித்தொடர்பு பற்றிய கேர்க்கின் ஆய்வில் பின்வரும் விடயங்கள் ஆராயப்பட்டன.

1. இரத்தத்தின் கலங்களில் உள்ள மாறுபட்ட ஹீமோகுளோபின் (HbE)

2. காதில் வளரும் மயிர்.

1966இல் வங்காள மக்களிடையே சட்டர்ஜி நடத்திய ஆய்வில் சில உயர்சாதி வங்காளிகளின் இரத்தத்தில் HbE இருப்பது கண்டுபிடிக்கப் பட்டுள்ளது. இலங்கையின் கண்டி மாவட்டத்தில் உள்ள சிங்களவர் களிடையேயும் HbE இருப்பது De Silva மேற்கொண்ட ஆய்வுகளில் கண்டு பிடிக்கப்பட்டுள்ளது.

இவ்விரு ஆய்வுகளின் அடிப்படையில் சில உயர்சாதி வங்காள மக்கட்கும் கண்டிச்சிங்களவர்களில் உள்ள உயர்சாதி மக்கட்கும் இடையே இருக்கும் தொடர்பினை கேர்க் நிலைநாட்ட முற்பட்டார்.

1962இல் உறவுவழித் தூரத்தை ஆய்வு செய்த கேர்க் சிங்கள மக்களி டையே பெறப்பட்ட இரத்த ஆய்வுகளை இந்தியாவின் பிற பாகங்களிலுள்ள மக்களுடன் ஒப்பிட்டார்.

உறவுவழித்தூர அளவீடு என்பது மரபுயிரியல் ஆய்வாளர்களால் இரு வகைப்பட்ட இனங்கட்கிடையே காணப்படும் ஒற்றுமையைக் கணிப் பிடும் ஒரு அளவீட்டு முறை. உறவுவழி இடைவெளி குறுகியதாக இருப்பின் அவ்விரு இனங்களும் மரபுயிரியல் தொடர்பினால் நெருங்கிய வர்களாகவும், மறுபுறத்தில் உறவுவழித்தூரம் நீண்டதாகவும் இருக்கும் பட்சத்தில் அவை ஒன்றிற்கொன்று தொடர்பற்றதாகவும் காணப்படும்.

மரபுயிரியல் உறவுவழித்தூர மதிப்பீட்டில் (Genetical Distance) சிங்கள மக்கள் இலங்கைத் தமிழரோடும், தமிழ்நாட்டுத் தமிழரோடும், மலையாளிக ளோடும், உயர்சாதி வங்காளிகளோடும் நெருங்கிய தொடர்புடையவர் களாகவும் இருப்பதனைத் தெரிவித்தார். ஆனால் வட இந்தியர்களான பஞ்சாபியரோடோ, குஜராத்தியரோடோ சிங்களமக்களிற்கு மரபுயிரியல் வழி உறவு காணப்படவில்லை.

Dr. N. Saha வின் ஆய்வுகளை பின்வருமாறு நோக்கலாம்.

இரத்தத்தில் உள்ள நீரில் காணப்படும் புரதங்கள் செங்குருதியில் உள்ள என்சைம், ஹீமோகுளோபின் கூறுகள் இலங்கைச் சிங்களவர்கள், தமிழர்கள், முஸ்லிம்களிடமிருந்து பெறப்பட்ட இரத்த மாதிரிகளுடன் ஒப்பீடு செய்யப்பட்டன. இவரது ஆய்வின் அடிப்படையில் சிங்கள மக்கட்கும் கிழக்கு இந்தியாவிலுள்ள வங்காளிகட்குமிடையே மரபுயிரியல் வழித்தொடர்பு காணப்படவில்லை.

1995இல் பிரித்தானியாவின் New Castle பல்கலைக்கழகத்தின் மானிட வியல் துறையைச் சேர்ந்த Dr.பாப்பியா, Loughborough பல்கலைக் கழகத்தினைச் சேர்ந்த Dr. S.S மஸ்தானு, கொழும்பு பல்கலைக்கழகத்தைச் சேர்ந்த Dr. R. Jayasekara போன்றவர்கள் சாகாவின் ஆய்வில் பங்கெடுத்துக் கொண்டனர்.

இவர்கள் கொழும்பிலும் அதன் சுற்றுடலிலுமுள்ள 102 சிங்களவர் கள், 100 தமிழர்கள், 103 பறங்கியர், 100 முஸ்லிம்கள், 103 மலேமுஸ்லிம் கள் போன்றவர்களிடமிருந்து சேகரிக்கப்பட்ட இரத்த மாதிரிகளை விமான மூலம் லண்டனிலுள்ள நியூகாஸில் பல்கலைக்கழக ஆய்வு கூடத்திற்கு விரைவாக அனுப்பிவைத்து ஆய்வு செய்தனர். இதன்மூலம் முதல் தடவை யாக மரபுயிரியல் குறியீடுகளைக் (Genetic Markers) காட்டும் HP, TF, PL, GC, ORM, PGMI என்பன ஆய்வுட்குட்பட்ட இலங்கையில் வாழும் மக்களி டையே காணப்படும் மரபுயிரியல் வேறுபாடுகள் கணிப்பிடப்பட்டன.

உறவுவழித்தூரக் கணிப்பில் இலங்கைச் சிங்கள மக்கள் இலங்கைத் தமிழருடன் நெருக்கமான உறவினர்களாக இருக்கக் காணப்பட்டனர். இந்த உறவில் அடுத்து நெருக்கமுடையவர்களாக முஸ்லிம்கள் காணப்பட்டனர். பறங்கியரிடையே ஐரோப்பிய மரபுயிரியல் கூறுகள் காணப்பட்டன. மரபுயிரியல் தொடர்பு ஆய்வுகளில் சிங்களவர்கள் தமிழர்களோடு மிக நெருக்கமான தொடர்பினையும் முஸ்லிம்கள், பறங்கி யர், மலேமுஸ்லிம்கள் போன்றோர்களுடனை உறவில் வேறுபட்டும் காணப்பட்டனர்.

தொகுத்து நோக்கில், இலங்கைத்தமிழரும் சிங்களவர்களும் வரலாற்றுக்கு முற்பட்ட காலத்தைய ஒரே மரபுயிரியல் குழுவிலிருந்து வந்த சந்ததிகளாகக் காணப்பட்டார்கள். முஸ்லிம்கள் அரேபியர்களோடு சில மரபுயிரியல் கூறுகளைப் பகிர்ந்து கொண்டபொழுதிலும் மேற்கூறப் பட்டவர்களோடும் மரபுயிரியல் உறவு உடையவர்களாகவும் காணப் படுகின்றனர். தமிழர்களும் சிங்களவர்களும் இலங்கைக்கு வெளியே வாழும் மக்களில் தென்னிந்தியர், மலையாளிகள் என்பவருடன் நெருக்க மாகவும், வங்காளிகளுடன் மரபுயிரியல் தூரஉறவுத் தொடர்புடனும் காணப்பட்டனர்.

●

4

இலங்கையில் நவீன மனிதனின் குடியமைவுகள்

இலங்கைத்தீவு இந்தியாவின் தென்முனைக்கு அருகில் உள்ளது. இற்றைக்கு 7000 ஆண்டுகட்டு முன்புவரை இத்தீவு இந்திய உப கண்டத்தின் ஒரு பாகமாக இருந்திருக்கிறது. பனியுகத்தின் முடிவில் கடல் மட்டம் 100இல் இருந்து 120 மீற்றர்வரை உயர்ந்தபொழுது,

The six-incisored hippopotamus of Sri Lanka

India - Sri Lanka: Search for a common past

THROUGHOUT one recent week, at different venues in Chennai, Dr. Siran Upendra Deraniyagala, former Director General of Archaeology, Sri Lanka, called for a much closer partnership between India and Sri Lanka in exploring the prehistoric links between the two countries and their influence on the rise of civilisation in this part of the world.

A recurring theme was that Sri Lanka was, "more often than not, linked to southern India by a land bridge." He held that during the last 7,00,000 years the sea level dropped sufficiently at least 17 times to create such a connection. The last separation of Sri Lanka from India was, he thought, about 7,000 years ago!

இலங்கைத் தீவு இந்திய உபகண்டத்தில் இருந்து பிரிந்து தனித் தீவாகியது (Siran Deraniyagala).

Dr. Siran Upendra Deraniyagala
Pre-historic basis for the rise of
Civilization
in
Sri Lanka and Southern India

இவ்வாறான பிரிவு ஏற்படும் வரைக்கும் தென் இந்தியாவில் இருந்து மனிதர்களும், விலங்குகளும் கால்நடையாகப் போவதும் வருவதும் சாத்திய மானதொன்றே. ஆதலினால், தென்னிந்திய-இலங்கை நிலப்பரப்பின் ஆதிக்குடியிருப்புக்கள் ஒன்றாகவே கணக்கில் எடுத்துக் கொள்ளப்பட வேண்டியவை.

மனித மூதாதையர்கள் (Hominids) இலங்கைத் தீவில் இற்றைக்கு 130,000 வருடங்கட்கு முன்பு இருந்திருப்பதற்கான

18

ஆதாரங்கள் கிடைத்துள்ளன. அவர்கள் 30,000 வருடங்கட்கு முன்புகூட இலங்கையில் வசித்திருக்கக்கூடிய சான்றுகள் உண்டு. இலங்கைத் தீவில் இரணைமடுப் படிவுகள் (Iranaimadu Formation) என்று சொல்லப்படும் வரலாற்றுக்கு முற்பட்ட கால கடற்கரையோர மணல் படிவுகள் ஏறத்தாழ 130,000 ஆண்டுகட்கு முற்பட்ட மனிதக் குடியமைவுக்கான ஆதாரங்களைக் கொண்டிருக்கின்றன.

ஹோமோசப்பியன்ஸ் என்று சொல்லப்படுகின்ற நவீன மனிதர்கள் ஏறத்தாழ இற்றைக்கு 190,000 ஆண்டுகள் முதல் 160,000 ஆண்டுகட்கு முன் ஆபிரிக்காவில் தோன்றி, பல்வேறு அலைகளாகக் கடந்த 75,000 ஆண்டுகளில் புலம் பெயர்ந்திருக்கிறார்கள். அவர்களுடைய புலப்பெயர் வுகள், பனிப்படிவுகளால் நிர்ணயிக்கப்பட்டமையால், பனிப்படிவு இடைக் காலங்களிலேயே அவர்கள் புலம் பெயர்ந்திருக்கிறார்கள். தென்னிந்திய-இலங்கை நிலப்பரப்பிற்கு அவர்களுள் முக்கியமான பிரிவினரின் புலப்பெயர்வு மாத்திரமே இங்கு ஆய்வுக்கு எடுத்துக் கொள்ளப் பட்டிருக்கிறது.

1. நீக்ரோய்ட்–ஒஸ்ரோலொயிட் இனக்குழு : M 130

கிழக்கு ஆபிரிக்காவில் இருந்து ஹோமோசப்பியன்ஸ் என்றழைக்கப் படும் நவீனமனிதர்களின் முதல் புலப்பெயர்வுகள் தென்இந்திய-இலங்கை நிலப்பரப்பிற்கு ஏறத்தாழ 75,000 ஆண்டுகட்கு முன்பு இடம் பெற்றன. இவர்கள் செங்கடலைக் கடந்து கடற்கரையோரமாக அரேபியக் குடா நாட்டையும், பாரசீக வளைகுடாவையுஞ் சுற்றி கடற்கரை வழியாகவே இந்திய உபகண்டத்தின் தெற்குக் கரையோரமாகத் தென்னிந்தியாவிற்கும் இலங்கைக்கும் வந்தனர். இங்கிருந்து, தொடர்ந்து கடற்கரை வழியாகவே இந்தோனேசியாவிற்கும், தீமோரிற்கும் அவுஸ்ரேலியாவிற்கும் ஏறத்தாழ 65,000 ஆண்டுகட்கு முன்பே அவர்கள் புலம் பெயர்ந்திருக்கிறார்கள் (மேற்படி ஸ்டீபன் ஓப்பன்கைமர்).

இவ்வாறுகப் புலம்பெயர்ந்த ஆதிமனிதர்கள் நீக்ரோய்ட் இனக் குழுவைச் சேர்ந்தவர்கள். இவர்களுடைய ஆண்களின் (Genetic Markers) குரோமோசோமானது M 130 எனப்படும் மரபுயிரியல் குறியீட்டைக் கொண்டது. மரபுயிரியலாளர்கள் இதனை இந்தியக் கரையோரக் குறியீடு என அழைக்கிறார்கள்.

ஏறத்தாழ 40,000 ஆண்டுகட்கு முன்பு இந்தோனேசியாவிற்கும், மலேசியாவிற்கும் போனவர்களின் பரம்பரையினர் உலகின் பல்வேறு

பாகங்கட்கும் புலம் பெயர்ந்தனர். இவர்கள் பர்மா வழியாக இந்தியாவிற்கு வந்து இலங்கைக்கும் சென்றிருக்கின்றனர். அவுஸ்ரேலிய ஆதிக்குடிகள் பேசியமொழிக் குடும்பத்தைச் சேர்ந்த ஒஸ்ரிக் அல்லது முண்டா மொழிகளேயே இவர்களும் பேசியிருக்கிறார்கள். இலங்கையின் வேடர்கள் இவ் வகையினைச் சேர்ந்தவர்கள். இவர்களின் மூதாதையர் பலாங்கொட

வேடர்களின் மூதாதையரான ஒஸ்ற்றலோயட் என்று கருதப்படும் பலாங்கொட மனிதன்
Courtesy : Prehistoric Ceylon a Summary 1968 - S. Derniyagala

மனிதனெனக் கருதப்படுகின்றனர். இவ்வகையினத்தைச் சேர்ந்தவர்களிடம் M 130 மரபணுக் குறியீடுகள் காணப்படுகின்றன. பசுபிக்தீவுகளின் மலேசினியர்கள் இவ்வகையினைச் சேர்ந்த ஒஸ்ரோ-ஏசியாற்றிக் இனக் குழுவினரின் ஒரு கிளையினராவர்.

2. திராவிடர்களின் மூதாதையர்கள்: M 20

திராவிடர்கள் என்ற சொல், ஒரு மொழிக் குடும்பத்தைக் குறிக்கும் சொல்லாக ஆரம்பித்துக் காலப்போக்கில் இனக்குழுவைக் குறிக்கும் பெயராக உபயோகிக்கப்பட்டு வருகிறது. இந்திய உபகண்டத்திற்குள் அடுத்த புலம் பெயர்வானது ஏறத்தாழ 30,000 ஆண்டுகட்கு முன்பு மத்திய கிழக்கில் இருந்து வந்தது. இக்குழுவினரின் ஆண் பரம்பரையினரிடம் M 20 எனப்படும் மரபுயிரியல் குறியீட்டை அவர்களது Y குரோமோசோமில் Spencer Wells என்கின்ற மரபுயிரியலாளர் இனங் கண்டுள்ளார். (Spencer Wells P. 116) தென்னிந்தியத் தமிழரிடம் M 20 எனப் படும் மரபுயிரியல் குறியீடு 50% த்திற்கு மேல்வரை காணப்படுகிறது. இதனுல் இம்மரபுயிரியல் குறியீடு திராவிடர்களின் மூதாதையர்களுடைய அடையாளங்காட்டியாக அழைக்கப்படுகிறது.

இடைக் கற்காலத்தைச் சேர்ந்த, வேட்டையாடி, உணவு சேகரிக்கும் (Hunters and Gatherers) இந்தப் புலம் பெயர்வுக் குழுக்களுக்கு இலங்கையின் காடுகள் ஒரு வாய்ப்பான வாழ்விடமாக அமைந்தன. M 20 மரபுயிரியல் குறியீட்டினது பரம்பல் இலங்கையிலும், தென்னிந்தியாவிலும் ஒரே மாதிரியாக இருப்பதற்கான சான்றுகள் பெரிதும் காணப் படுகின்றன.

3. இலம்–திராவிடர்கள் : M 172

கடந்த பனியுகத்தின் முடிவில், ஏறத்தாழ 11,000 ஆண்டுகட்கு முன்பு, மெசப்பட்டோமியாவின் இலம் பாகத்திலிருந்து (இன்றைய குஸிஸ்தான்) புலம் பெயர்ந்தவர்களே இந்த இனக் குழுவினர். பலூச்சிஸ்தான் ஊடாக இந்திய உபகண்டத்திற்குள் இவர்கள் வந்தார்கள். மெகாரில் 9,000 ஆண்டு கட்கு முன்பும், சிந்துவெளியிலும், கங்கைச்சமவெளியிலும் 7,000 ஆண்டு கட்கு முன்பும் குடியேறிய இவர்கள் கிருஷ்ண-கோதாவரிப் படுக்கையை 5,500 ஆண்டளவில் வந்தடைந்தனர்.

வேளாண்மைபற்றிய அறிவும், ஆதி எலமே-திராவிட மொழியும் இவர்களாலேயே இந்தியாவிற்குக் கொண்டு வரப்பட்டது. இவர்களு

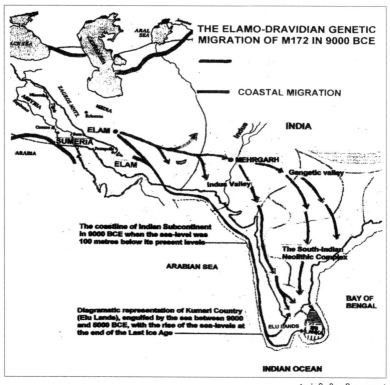

(நன்றி: சிவ தியாகராஜா)
THE PEOPLES AND CULTURES OF PREHISTORIC SRI LANKA (Chap-7)
(விரைவில் வெளிவர இருக்கும் நூல்)

டைய Y குரோமோசோமில் M 172 என்கின்ற மரபுயிரியல் குறியீடு காணப்படுகிறது. இது இந்தியா முழுவதும் காணப்படுகின்றது. தென் இந்தியத் தமிழர்களிடையே குறிப்பாக விவசாயிகளிடம் 19லிருந்து 21% பரம்பல் கொண்டிருப்பது அவதானிக்கப்பட்டுள்ளது. (மேற்படி சிவ தியாக ராஜா) இவ்வகைப் பரம்பல் இலங்கை மக்களிடையேயும் எதிர்பார்க்கக் கூடியதொன்றே.

4. இந்தோ ஆரியர்கள் : M 17

இந்தோ ஆரியர்கள் மத்திய ஆசியப் புல்வெளிகளில் மந்தை மேய்க்கும் நாடோடிகளாக இருந்தவர்கள். இவர்கள் ஈரானிய பீடபூமிக்கு

4,000 ஆண்டுகட்கு முன்பும், அங்கிருந்து இந்தியாவிற்கு 3,800 ஆண்டு கட்கு முன்பும் புலம் பெயர்ந்தார்கள். ஈரானுக்கும் இந்தியாவிற்கும் இந்தோ-ஐரோப்பிய மொழிகளை இவர்கள் கொண்டு வந்தனர்.

இவர்களிடையே ஆண் பரம்பரையினரின் Y குரோமோசோமில் M 17 எனும் மரபுயிரியல் குறியீடு காணப்படுவதை வைத்து இவ்வினக் குழுவினர் அடையாளங் காணப்படுகின்றனர். ஆப்கானிஸ்தானிலும், பாகிஸ்தானிலும் வடமேற்கு இந்தியாவிலும் உள்ள ஆண்களிடையே M 17 மரபுயிரியல் குறியீடு 55%ற்கு மேல்வரை காணப்படுகிறது. டெல்லி யில் உள்ள இந்திமொழி பேசும் ஆண்களிடையே 35% வரை M 17 மரபுயிரியல் குறியீடு இருப்பதாக ஸ்பென்சர் வேல்ஸ் அடையாளங் கண்டுள்ளார்.

இன்றைய தென்னிந்திய ஆண்களில் 10%மானோர் இம்மரபணுக் குறியீட்டைக் கொண்டிருப்பவர்கள். முக்கியமாக பிராமணச் சமூகத்தி னூடாகவே இம்மரபுயிரியல் பரிமாறப்படுகிறது.

இலங்கை மக்களிடையேயும் M 17ன் பரம்பல் பற்றிய விபரம் இன்று வரை அறியப்படா நிலையில் காணப்படுகிறது. வேறொரு அத்தியாத்தில் குறிப்பிட்டவாறு பழைய மரபுயிரியல் ஆய்வுகளின்படி சில இலங்கையரிடையே வங்காளத்தவர்களின் மரபுயிரியல் சாயல்கள் காணப் படுகிறது.

5. திராவிடர்கள் பின்பற்றிய பெருங்கல் பண்பாடு

இந்தியாவில் பெருங்கல் பண்பாடானது முக்கியமாகத் திராவிட மக்களுடன் தொடர்புடைய தென்னிந்திய வெளிப்பாடாகும். வங்காளத்தி லும், காஷ்மீரிலும் பெருங்கல் அடக்கங்கள் அங்கொன்றும் இங்கொன்று மாகக் காணப்பட்டாலும்கூட அவை மூதாதையர் நம்பிக்கைகளைச் சார்ந்தவைகளே தவிர இந்தோ-ஆரியர்களுட ன் தொடர்பானவை அல்ல. வடஇந்தியாவில் இந்தோ ஆரியர்களின் மையப்பாகமான பஞ்சாபிலும், குஜராத்திலும், மகாராஷ்டிராவிலும் பெருங்கல் அடக்கங்கள் காணப் படவில்லை.

பெருங்கல் பண்பாடு என்ற சொற்பதத்திற்கு மாறாக இரும்புக்காலப் பண்பாடு என்ற பதத்தைப் பல ஆய்வாளர்கள் கையாளுகிறார்கள். அண்மைக்கால காபன் கணிப்புக்கள் தென்னிந்தியப் பெருங்கல் பண் பாட்டின் தொடக்கத்தினை 3,500 ஆண்டுகட்கு முன்பு கொண்டு செல்வது

ஈமச்சின்ன வகைகள்

1. தாழி அடக்கம்
2. குழி அடக்கம்
3. கல்லறை
4. தாழிகளை உள்ளடக்கிய கல்லறை
5. கல்மேசை
6. கல்வட்டம்

ஆதி இரும்புக்கால குடியமைவு மையங்கள்

1. காரைநகர்
2. ஆனைக்கோட்டை
3. கந்தரோடை
4. மாந்தை
5. தெக்கம்
6. பொம்பரிப்பு
7. அக்குறுகொட
8. முக்கறுகொட
9. பின்வேவ
10. கரம்பன் குளம்
11. அலுத்பொம்புவ
12. மாமடுவ
13. தமவெல்ல கொடல்ல
14. வடிகவேவ
15. குருகல்கின்ன
16. கொக்கபே
17. திவுல்வேவ
18. ரம்பாவேவ
19. அனுராதபுரம்
20. மச்சாகம
21. கதிரவெளி
22. மபகல
23. கதிர்காமம்
24. கல்அத்தார
25. மக்கேவிற்ற
26. பதவிகம்பொல
27. இபன்கட்டுவ
28. நல்லே
29. கலொதுவெவ

ஆதி இரும்புக்கால குடியமைவு மையங்கள்

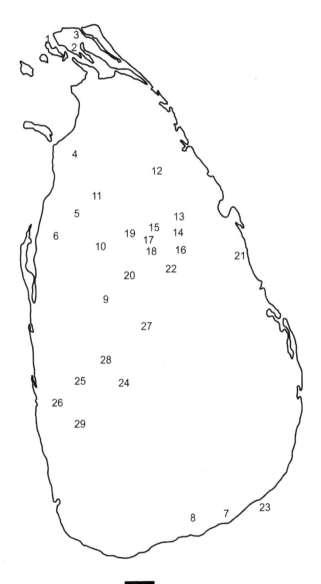

இங்கு கவனிக்கப்பட வேண்டியது. இக்காலப்பகுதியில் இரும்பு அறியப் பட்டிருக்கவில்லை.

இற்றைக்கு முன் 3,000 ஆண்டளவிலேயே இந்தியாவிற்கு இரும்பு அறியப்படுகிறது. எனவே இரும்புக்காலத்தின் தொடக்கம் பெருங்கல் காலத்தைவிட 500 ஆண்டுகள் பிந்தியதே.

பெருங்கல் பண்பாட்டுக் குடியமைவுகளில் 3 முக்கிய உள்ளடக்கங்கள் காணப்படுகின்றன.

1. பெருங்கல் கால ஈம அடக்கங்கள்,

2. கறுப்பு-சிவப்பு மட்பாண்ட பண்பாடு,

3. இரும்புக்காலப் பண்பாடு.

இவற்றுடன் சேர்ந்த உள்ளடக்கங்களாக,

1. குடியிருப்பமைப்பு,

2. பயிர் நிலங்கள்,

3. ஆறுகளும், குளங்களும் என்பவற்றைச் சேர்த்துக் கொள்ளலாம்.

இலங்கையைப் பொறுத்தவரை பெருங்கல் காலப் பொருளெச்சங்கள் (artefacts) பொம்பரிப்பு போன்ற முக்கிய இடத்தில் இருந்து பெறப் பட்டவை கதிரீட்டுக் காலக் கணிப்பிற்கு இதுவரை இவை உள்ளாக்கப்பட வில்லை.

இலங்கையில் பெருங்கல்காலப் பண்பாட்டுப் பொருளெச்சங்கள் இலங்கைத்தீவு முழுவதிலும் காணப்படுகின்றன. இவை பண்பாட்டின் பரவலால் வந்தவையா? அல்லது மக்களுடைய பரவலால் வந்தவையா? என்பது அனுமானிப்பதற்குச் சிரமமானது. இலங்கை முழுவதும் பெருங் கல்காலப் பொருளெச்சங்கள் காணப்படுவதால் இப்பண்பாடானது சிங்கள மக்கட்கும் தமிழ மக்கட்கும் பொதுவானது என்றே கொள்ளப்பட வேண்டும்.

5

கற்பனையான வரலாறுகளினால் மனித சமூகத்தில் ஏற்படும் பயங்கரப் பாதிப்புகள்

புவியில் காணப்படும் உயிரினங்களுள் கடந்த கால நினைவுகளுடன் வாழக்கூடிய சக்தி மனிதர்கட்கு இருக்கும் விசேட சிறப்பம்சமாகும். இச் சிறப்புத் தகுதியானது சில சமயங்களில் மனிதர் களைத் தவறான வழிகட்கு இட்டுச் சென்று பயங்கர விளைவுகளை மனித சமூகத்தில் உருவாக்கி விடுவதுமுண்டு. 'கற்பனைச் சமூகங்கள்' (Imagined Community) என்ற நூலில் பெனடிக்ற் அன்டர்சன் என்னும் அறிஞர் பல்வேறு மனித சமூகங்களில் கற்பனையாக வரலாறுகள் சிருஷ்டிக்கப்பட்டுத் தவறான பிரச்சாரங்கள் பரப்பப்பட்டதனால் விளைந்த அனர்த்தங்களைத் தெளிவுபட விளக்கியுள்ளார்.

நடைமுறையில் இடம் பெறாத கட்டுக் கதைகள் சமயப் பிரச்சார புராணங்களில் இருந்து உதாரணங்களாகப் பெறப்பட்டு, அவைதான் உண்மையான வரலாறென மனிதர்களை நம்பவைக்கும் பிரச்சாரங்கள் மேற்கொள்ளப்படுவதை பல்வேறு நாடுகளின் உ தாரணங்களுடன் பெனடிக்ற் அண்டர்சன் விளக்கிக் காட்டியுள்ளார்.

இப்பிரச்சாரங்கள் காலப்போக்கில் வளர்ச்சியடைந்து குறிப்பிட்ட சமூகம் பிற சமூகங்களைவிட உயர்ந்தவர்கள் தாம் எனும் கற்பனையை உருவாக்கி விடுகிறது. இத்தகைய உயர் எண்ணமானது காலப்போக்கில் வளர்ச்சியடைந்து தமது சமூகத்தைவிட ஏனையவர்கள் தாழ்வானவர்கள் என்பதோடு நின்று விடாது, தாழ்வான சமூகத்தினர் கொன்றொழிக்கப்பட வேண்டியவர்கள் எனும் வெறி உருவாகிற்று.

இத்தகைய வெறியானது உயர்வெண்ணத் தேசியவாதக் கோட்பாடாக உருவாகி, இரண்டாவது உலக மகாயுத்த காலத்தில் ஜேர்மனியில் தூய ஆரிய இனம் எனும் நாஸிக் கோட்பாடாகவும், இத்தாலியில் தூய இனக் கோட்பாடாக பாஸிஸக் கோட்பாடும், ஜப்பானில் தாம் சூரிய வம்சத்தவர் என்ற கோட்பாடும் உருவாகி ஏனைய மனிதர்கள் கொல்லப்பட வேண்டும் என்கின்ற பிரச்சாரம் வலுவடைந்து இரண்டாவது உலகப் போரினைத் தோற்றுவித்து பல மனித உயிர்களை இனப்படுகொலை செய்ய வழி கோலியது.

தாம் விரும்புபவை வரலாற்றில் உண்மையாக நடந்தவை என புராணங்களின் கட்டுக்கதைகளில் உதாரணங்களை எடுத்து அரசியல் மேடைகளில் பிரச்சாரம் மேற் கொள்ளப்பட்டன. இலங்கை வரலாறுகூட இப் போக்கில் இருந்து தப்பவில்லை.

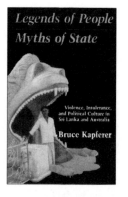

பல நூற்றுண்டுகட்கு முன் நிகழ்ந்த வரலாற்றுச் சம்பவங்கட்குப் பிற்காலத்தில் எழுதப்பட்ட மகாவங்ச என்ற நூலில் கற்பனையான சம்பவங்களினூல் விளக்கமளிக்கப்பட்டது. இதன் விளைவாக இலங்கையில் பலாத்காரமும், சகிப்புத்தன்மை யின்மை போன்றவை எழுச்சி பெற்றமையை Legends of People-Myths of State எனும் நூலில் Bruce Kapferer தெளிவாக விளக்கியுள்ளார்.

Buddhism Betrayed Religion, Politics and Violence in Sri Lanka எனும் S. Tambiahவின் நூலும் பிரித்தானியர் ஆட்சியில் பௌத்த மதத்திற்கும் சிங்கள மக்களுக்கும் அநீதி இழைக்கப்பட்டது என்ற கருத்து உண்மையானதா? என வினவி, தவருன கற்பனைகள் மூலம் வரலாறு எவ்வாறு பாதிக்கப் பட்டுள்ளது என்பதனை தெளிவாக விவரித்துள்ளமை கவனிக்கற்பாலது.

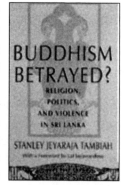

இலங்கையில் தமிழினத்தை இனப்படுகொலை மூலமும், பயங்கரச் சித்திரவதைகள் மூலமும் அழிக்க வேண்டும் என்ற கருத்து உருவாகி தமிழ் மக்கள் சர்வதேசரீதியாக அகதிகளாக்கப் பட்டமை பற்றிய விளக்கங்கள் Rehabilitation of Tamils with

Special Reference to Tamils in London என்ற University College of Londonன் Anthorpology Dept.ற்கு சு.விசாகனுல் சமர்ப்பிக்கப்பட்ட M.Sc., பட்டப்படிப்பிற்கான ஆய்வுக் கட்டுரையில் தெளிவாக விளக்கப்பட்டுள்ளது.

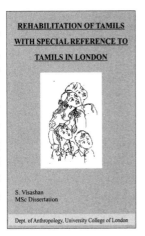

REHABILITATION OF TAMILS
WITH SPECIAL REFERENCE TO
TAMILS IN LONDON
S. Visashan
MSc Dissertation
Dept. of Anthropology, University College of London

வரலாறுகளைக் கற்பனையான நம்பிக்கைகளை அடிப்படையாகக் கொண்டு உருவாக்கினுல் உண்மையாக வரலாற்றில் இடம் பெற்ற நிகழ்வுகள் மட்டும் அழிந்து போவதுடன் நில்லாது மனித சமூகமானது பயங்கர இனப்படுகொலையை எதிர்கொள்ள வேண்டிய நிலையும் ஏற்படும்.

●

6

மனிதனும் இனக்குழு (Ethnic Group) அடையாளங்களும்

ஆங்கிலத்தில் வழங்கும் Ethnic என்ற சொல்லை இனத்துவம், இன இயல்பு, இன அடையாளம், இன மரபு என்று பலவாறு தமிழில் குறிப்பிட லாம். ஒருவருடைய இனத்துவம் என்பது அவருடைய சமூகம் சார்ந்த பண்பை அல்லது இயல்புகளைக் குறித்து நிற்கும். அச்சொல்லை அவருடைய உடல் சார்ந்த பண்பைக் குறிக்கும் சொல்லாகக் கொள்ள முடியாது. இனக் குழு (Ethnic Group) எனப்படும் குழுவுக்குரிய பண்புகளாகப் பின்வருபவை பலரால் ஏற்றுக் கொள்ளப்படுகின்றன.

1. பொது வாழ்விடம்,
2. பொது முன்னோர்கள்,
3. பொதுமொழி,
4. பொதுப்பண்பாடு அல்லது வழக்கங்கள்,
5. பொது நம்பிக்கைகள் அல்லது சமயம்,
6. தம்மை வேருக அடையாளங்காணல்,
7. தம் குழுவை வேறு படுத்தும் பெயர்,
8. தம் குழுவின் தோற்றத்தையும் வரலாற்றையும் விளக்கும் ஒரு பொதுத் தோற்றக்கதை (Myth) அல்லது கட்டுக்கதை.

இத்தகைய வரைவிலக்கணம் இலங்கையின் இனக்குழுக்கள் பற்றிய ஆய்வுக்குப் பயனுள்ளதாய் அமைகிறது.

இன்றைய உலகில் ஒருவர் தன்னை ஒரு குறிப்பிட்ட இனக்குழுவைச் சேர்ந்தவராகக் கொள்ளும்பொழுது இத்தகைய அடையாளங்காணல் அவருடைய சொந்தக் கண்ணோட்டத்தின் விளைவே. அதாவது ஒருவர்

தன்னை எக்குழுவைச் சேர்ந்தவராக அடையாளம் காண்கிருரோ அக் குழுவைச் சேர்ந்தவராகப் பிறரும் அவரை அடையாளங் காண்பர். இத்தகைய தன்நோக்கல் (Self-Perception) இனக்குழுக்களையும், தனி மனிதர்களையும் அடையாளங்காண உதவும் பல வழி முறைகளில் ஒன்ருகும். (நன்றி, மேற்படி இந்திரபாலா)

RELEVÉ
DU
SIGNALEMENT ANTHROPOMÉTRIQUE

1. Taille. — 2. Envergure. — 3. Buste. — 4. Longueur de la tête. — 5. Largeur de la tête. — 6. Oreille droite. — 7. Pied gauche. — 8. Médius gauche. — 9. Coudée gauche.

இவற்றுடன் மானிடவியல் ரீதியாகவும் அடையாளங்களை அணுக முடியும்.

பௌதிக மானிடவியலில் (Physical Anthropology) கடைப்பிடிக்கப்பட்டும் (Anthropometric Measurements) மனித உறுப்புக்களை அளவீடு செய்தும், நிறம் போன்றவற்றின் அடிப்படையிலும் பாகுபாடு செய்ய முடியும்.

இதனைவிட ஒருவர் அணிகின்ற உடை, அணிகலன்கள், உபயோகிக்கும் பொருட்கள், அலங்கரிக்கும் முறைகள் போன்றவற்றின் அடிப்படையிலும் இனக்குழுப் பெயர் மக்கள் கூட்டத்திற்குக் கிடைக்கிறது.

உதாரணமாக தலைப்பாகை அணிபவர்கள் பஞ்சாப் இனத்தவர், சில வகை குல்லா அணிபவர்கள் முஸ்லிம்கள் என்ற அடையாளத்தினால் அழைக்கப்படுகின்றனர்.

இதனை சமூக மானிடவியலில் சமூக குறியீடுகள் (Social Marks) என்றழைப்பர். இத்தகைய முறை சரியானதல்ல.

அணிகலன்களை மாற்றுகையில் மனிதன் புதிய அடையாளத்தினுல் அழைக்கப்படுவான்.

இதனைவிட பேசும் மொழியினை வைத்தும் பெரும்பாலும் இன அடையாளம் வகுக்கப்படுகிறது.

தமிழ்மொழி பேசுபவர்கள் பொதுவாகத் தமிழர் என்ற இனக் குழுவினராக ஏற்போமாயின், இலங்கையில் இந்திய வம்சாவழியினர் (இந்தியத் தமிழன் என்றும், முஸ்லிம்கள் தமிழ் பேசினும் இஸ்லாமியர் என்ற இனக் குழுவினரென்றும், புலம்பெயர் நாடுகளில் தமிழை மறந்து ஆங்கிலம் பேசுபவர்கள் இனக்குழு ரீதியாகத் தமிழராயினும் மொழியால் தமிழ் இனக் குழுவைச் சேர்ந்தவரா என்ற கேள்வியும் எழுகிறது.

இது பொதுவாகச் சரியானதென ஏற்றுக் கொண்டாலும் நடைமுறையில் பல முரண்பாடுகளேயும் தோற்றுவிக்கிறது.

இந்த நூலின் இறுதியில் வரும் படங்களில் இருந்து இனக்குழுவை அடையாளங்காண பார்வைத்தோற்றம், அணிகலன்கள் யாவும் எத்தகைய தவருன கருத்துக்கு இட்டுச் செல்லலாம் என்பவை விளக்கப்பட்டுள்ளது.

எனது புலம் பெயர் நாட்டு அனுபவத்தில் நான் கண்டு கொண்ட உண்மை பின்வருமாறு:

நான் வாழும் லண்டனில் பல இனக்குழுக்களேச் சேர்ந்த ஆசிய இனத்தவர் வாழ்கின்றனர். இங்குள்ள காலநிலேக்கேற்பவே பலர் உடைகள் அணிந்து ஒரேவகையில் தோற்றமளிப்பர். ஒரு சிலரே பிரத்தியேகமான ஒப்பனைகளுடன் தோற்றமளிப்பர்.

பெரும்பாலான ஆசியர்கள் ஆங்கில உடையில் காலநிலேக்கேற்ப உடைகள் அணிவதனல் ஒரே மாதிரியாகத் தோற்றமளித்து, எந்த இனக் குழுவைச் சேர்ந்தவர் என்று கூற முடியாத அளவில் காட்சியளிப்பர்.

இவைகளில் இருந்து ஒரு இனக்குழுவை அடையாளங்காண ஒப்பனேகள், உடைகள் எந்தளவுக்குப் பயன்படும் என்பது கேள்விக்குறி யாகிறது.

இம்முறைகளில் இருந்து நாம் காணக்கூடிய முடிவு என்னவெனில் ஓர் இனக்குழுவை நிர்ணயம் செய்யப் பல வழிகள் இருப்பினும் எல்லா வேளே களிலும் அவைகள் மூலம் உண்மையான முடிவுகளே எட்ட முடிவதில்லே என்பதாகும்.

●

முடிவுரை

இந்நூலின் சகல அத்தியாங்களிலும் கூறப்பட்ட கருத்துக்கள் யாவும் புதிதானவையல்ல. அவை ஏற்கெனவே அறியப்பட்டவைகளே. அக்கருத்துக்கள் தலைசிறந்த கல்விமான்களால் விஞ்ஞான ஆய்வுக்குட் படுத்தப்பட்டு உறுதி செய்யப்பட்டவை.

இலங்கையின் மனிதக்குடியமைவு பற்றிய வரலாற்றின் சிக்கலான பகுதிகளை விஞ்ஞான ரீதியாகப் பலர் பார்க்கத் தவறினர். அதன் விளைவாக தாம் உண்மையென விரும்புபவைகளை இலங்கையின் மனிதக்குடியமைவு பற்றிய வரலாருகும் என்ற முடிவுக்கு வந்தனர். இத்தகையோர்கட்கு இந் நூலின் கருத்துக்கள் பெரும் ஏமாற்றத்தைத் தரும் என்பதில் சந்தேகமில்லை.

இலங்கையின் மனிதக்குடியமைவு பற்றிய விஞ்ஞான ஆய்வுகள் மிக ஆரம்பநிலையான பரிசோதனை முறைகளான இரத்த மாதிரிகளை அடிப்படையாகக் கொண்டன. இவற்றைவைத்து எடுக்கப்பட்ட முடிவுகளை, இலங்கையின் மனிதக்குடியமைவு பற்றிய மரபுயுரியல் ஆதாரங்களெனும் மூன்றும் அத்தியாயத்தில் பார்த்தோம்.

இவையாவும் முறையே 1976, 1987, 1996 ஆண்டுகளில் நடத்தப் பட்டன.

இப்பரிசோதனைகள் மூலம் பெறப்பட்ட அனுமானமானது, இந்திய - இலங்கை மனித இனக் குழுக்களிடையேயான உறவு முறை இடைவெளித் தூரத்தை (Genetical Distance) முதல் தடவையாக உறுதி செய்தது.

இம்முறையானது இத்துறையில் அபி விருத்தியடைந்து கொண்டிருந்த ஆரம்ப கால முறையாகும்.

இதன் மூலம் அறிந்துகொண்ட உண்மை களைவிட தற்காலத்தில் மரபுயிரியல் ஆய்வில் உறுதியானதும் விஞ்ஞான உலகினால் மனித குடியமைவுபற்றி ஏற்றுக்கொள்ளக்கூடியது மான துறையாக புதியதுறை உருவா கியுள்ளது.

Human Genome Project (HGP)

இத்துறை மூலம் பெறப்படுகின்ற அறிவானது பூமியில் வாழும் நவீன மனிதன் (ஹோமோ சப்பியன்ஸ்) பற்றிய முழுமையான தலைமுறை பற்றிய தகவல்களும் அவர்களது புவியியல் ரீதியான பரம்பல் பற்றியதாகும். இதனை மனித மரபுயிரியல் தகவல்களை பதிவு செய்யும் திட்டம் (Human Genome Project (HGP) என அழைப்பர். 2003இல் பதின்மூன்றுவது வருடத்தை இத்திட்டம் பூர்த்தி செய்துள்ளது.

இதனடிப்படையில் உலகின் இலங்கை தவிர்ந்த சகல நாடுகட்கான மனித மரபுயிரியல் தகவல்களின் பரம்பல் பற்றிய வரைபடம் (Human Genome map of the world) உருவாக்கப்பட்டுள்ளது. இதனடிப்படையில் மனிதனது தோற்றம் முதற்கொண்டு இன்று வரை உலகளாவிய ரீதியில் மனிதக்குடியமைவு பற்றிய விஞ்ஞான ரீதியான உண்மை, நிலை நாட்டப் பட்டுள்ளது.

இத்திட்டத்தில் இலங்கையும் பங்குகொள்வதன் மூலம் கற்பனையான வரலாறுகளிலிருந்து இலங்கை நீங்கிக்கொள்வதுடன் எதிர்காலத்திலாவது உண்மை வரலாற்றின் அடிப்படையில் இலங்கை மனிதக்குடியமைவு பற்றிய வரலாறு எழுதப்படும் நிலை உருவாகும்.

இதற்கான முயற்சியில் இலங்கையைச் சேர்ந்த பல்கலைக்கழகங்கள் குறிப்பாக வரலாற்றுத் துறை, மருத்துவத்துறை, விஞ்ஞானத்துறை, போன்றவை ஈடுபடின் இலங்கையில் மனிதக்குடியமைவு பற்றிய உண்மை களுடன் கூடிய ஆரோக்கியமான கருத்துக்கள் வெளிவந்து இலங்கையின் மனிதக்குடியமைவு பற்றிய உண்மை வரலாறு நிலைநாட்டப்படும்.

மேற்கொண்டு பூரணத் தகவல்களையும் அறிவினையும் பெற விரும்புகிறவர்கள் இந்நூலின் இறுதிப் பகுதியில் இணைக்கப்பட்டுள்ள பின்னுரை, பிற்குறிப்புக்கள், பின்னிணைப்புகள், படங்கள் போன்றவற்றை படிக்கவும்.

●

பின்னுரை (Postscript)

இன்றைய உலகில் காணப்படும் நாடுகளின் மக்கட்தொகையானது இடைவிடாது தொடர்ச்சியாக இடம்பெற்றுக்கொண்டிருக்கின்ற குடிநகர்வு களின் விளைவேயாகும், இம்மக்களில் பலர் தாம் பிறந்த தாய்நாட்டிலிருந்து பலவகைப்பட்ட காரணங்களால் புதிய நாடுகட்கு நகர்ந்துள்ளனர். இத்தகையோரின் எண்ணிக்கை 175 மில்லியன் என ஐ.நா.வின் 2002 மக்கட்தொகை கணிப்பு அறிக்கையிலிருந்து தெரியவந்துள்ளது.

NUMBER OF WORLD'S MIGRANTS REACHES 175 MILLION MARK

Migrant Population Has Doubled in Twenty-five Years

New York, 28 October -- With around 175 million people currently residing in a country other than where they were born, the number of migrants in the world has more than doubled since 1975, with most living in Europe (56 million), Asia (50 million), and Northern America (41 million), according to findings from the wall chart *International Migration 2002*, issued by the United Nations Population Division.

Press Release
POP/844
http://www.unpopulation.org

மேற்படி சர்வதேச குடிநகர்வுகளில் இலங்கையர் தொகையும் இடம்பெற்றமையை நாம் உறுதியாகத் தெரிந்து கொள்ளலாம்.

இலங்கையின் வரலாற்றுக்காலங்களில் உருவாகிய இனக்குழுக்களான தமிழ், சிங்கள, முஸ்லிம் இனக்குழுக்களே இத்தகைய குடிநகர் வுகளுள் இடம்பெற்றவர்களாவர், மூன்று தசாப்தங்களாக இலங்கையில் இடம்பெற்ற இனக்குழுக்களுக்கிடையிலேயானபோரின் விளைவினாலேயே மனிதர்கள் வெளியேறவேண்டிய நிர்ப்பந்தம் ஏற்பட்டது.

நீண்டகாலம் அமைதியாக இருந்த இலங்கைத்தீவிலிருந்து பெருந் தொகையான மக்கள் சர்வதேசரீதியான குடிப்பெயர்வைச் சந்திக்க வேண்டிய நிலை, இத்தீவின் கேந்திரமுக்கியத்துவத்தினாலேயே ஏற்பட லாயிற்று.

இந்து சமுத்திரம் ஆபிரிக்காவிற்கும் அவுஸ்ரேலியாவிற்கும் இடையே 10000 கிலோ மீற்றர் விசாலமானதாக அமைந்துள்ளது, 47

நாடுகள் இந்து சமுத்திரத்தை தமது கடற்கரைகளாகக் கொண்டுள்ளன. 8 நாடுகளுக்குச் சொந்தமான 12 பிரதான துறைமுகங்கள் இந்துசமுத்திரத்தில் அமைந்துள்ளன.அமெரிக்கா, ஐரோப்பா, மத்தியகிழக்கு, ஆபிரிக்கா, கிழக்காசியா போன்ற பிரதேசங்களை இணைக்கும் பிரதான கடலாக இந்து சமுத்திரம் காணப்படுகிறது.

இந்துசமுத்திரத்தைக் கட்டுப்படுத்துபவர்களாலேயே ஆசியாவில் ஆதிக்கம் செலுத்த முடியும். உலகின் பிரதான 7 கடல்களுக்கு இந்து சமுத்திரமே இணைப்புப்பாலமாக அமைகிறது. உலகினுடைய தலைவிதி இந்து சமுத்திரத்திலேயே நிர்ணயிக்கப்படும் என்று அமெரிக்காவின் முன்னுள் கடற்படைத்தளபதி தெரிவித்த கருத்து கவனிக்கற்பாலது. தென்னுசியாவின் எதிர்காலத்திற்கு இலங்கைத் தீவினது எதிர்காலம் முக்கியமானது.

இதனுல் இலங்கைத்தீவில் ஒரு ஸ்திரத்தன்மை ஏற்பட வேண்டும் என்பதில் சர்வதேச நாடுகள் கவனம் செலுத்திவந்தன. அந்த நோக்கத்தினுலேயே சமகாலப் பூகோள அரசியலில் இலங்கைத் தீவானது பேசுபொருளாக மாறியிருப்பதற்கான காரணமாயிற்று.

இவ்வாறு ஸ்திரத்தன்மை ஏற்படவேண்டுமென எதிர்பார்க்கும் ஒவ்வொரு தரப்பும் தத்தமது தனிப்பட்ட தேசிய நலனைக் கருத்தில்கொண்டு செயற்பட்டன. ஆனுல் தனிப்பட்ட தேசிய நலன்களுக்கிடையில் ஒரு பொதுமைப்புள்ளி உருவாகவில்லை. ஆதலால் முரண்பாடுகள் தோற்றம் பெற்றன. இம்முரண்பாடென்பது இலங்கைத்தீவில் யார் செல்வாக்குச் செலுத்துவது என்பதில் ஆரம்பமாகி இன்று இலங்கை சர்வதேச நாடுகளின் கைப்பொம்மையாகிவிட்டதைக் காணலாம்.

பிற்சேர்க்கை பற்றிய சுருக்கமான விளக்கங்களை Appendix & Annexure பகுதியில் காண்க.

Sitting on History

- Bill Woodrow

Inscribed on the bronze chair in the
British Library in London

Sitting on History, with its ball and chain, refers not as one might expect
directly to chained libraries, but to the book as the captor of information
from which we cannot escape. All of history is filtered through millions of
pages of writing, making the book the major vehicle for years of research
and study. Woodrow proposes that although we absorb this knowledge, we
appear to have great difficulty in changing our behaviour as a result.

FOREWORD

It is an accepted historical fact that from the time man appeared on earth, he has been migrating in groups to new lands in search of sustenance.

According to the evidence provided by Anthropology, human ancestors who first evolved in Africa, in their long journey migrated to other continents in search of food, a safe environment and comfortable living conditions.

Humans who settled in different continents multiplied over a period of time and because of the environmental conditions, way of life and individual cultural variatons evolved into different ethnic groups.

Depending on the nature of the environment, way of life, life attitudes, life values and cultural manifestations an ethnic group proliferated adjusting to their living conditions. These cultural elements and life attitudes marked the identity and ethnic consciousness of a particular group and safeguarding those ideals became part of their civilization.

A social structure emerged with different classes of communities, inequalities and disparate rights. One group dominating over another have been seen throughout human history. However, some men have voiced their opposition to inequality and discrimination; and called for the maintenance of social equality and human rights.

The polity of modern governments with narrow minded selfish motives, selection of short cuts to attain their aims without consideration of other groups affected in the process, refusal of granting political and economic rights to some groups, have become their hallmark. New explanations are put forth to justify their egoistic actions; human tragedies and misappropriations occurring during the process, being ignored altogether.

An academic approach is essential for an in-depth understanding of our ethnic formations; and to counter the superficial view points and deviant interpretations of written history. It is important for an investigator to go beyond the social values, political aspirations.ambitions, and animosities of the society to which he belongs, in order ·to arrive at the truth he seeks.

The controversies relating to Sri Lankan nationalism are the realities of modern politics. I believe social anthropologist Mr. Visahan's effort should greatly help to understand the origins of human culture in this island beyond these restraints.

P. Tamizoli
Social Anthropologist

B-5, B-Block, Kanakambujam
6th Avenue, AshokNagar
Chennai-600083
September 2010

ACKNOWLEDGMENT

This monograph is the product of my desire to search for the truth through a lifetime of learning. Several teachers, friends, academics and colleagues have contributed in no small measure to me to achieve this.

It was Mr P Banudevan teacher at St. John's College , during the years 1966-67 induced me with a yearning for the field of historical studies. While I was an infant of history, he imbibed me with a craving to pursue this field and achieve a higher educational status. He deserves my primary gratitude.

In 1974, the academic staff of the Jaffna University helped me to reinforce my interest in history. Every one of them from the Department of History was a specialist in a particular field; thus I was able to achieve a global knowledge of all the various aspects of this subject.

During my first year at the University as a history student we were introduced to a compendious course which provided an introduction to all the elements of this discipline, by lecturers from various departments. This course was formulated by Professor K Indrapala, whom I can never forget in my life. His lectures on research methods explained the intricacies of preparing and undertaking research and the techniques of academic writing-how to analyse it from various angles and arrive at deductive conclusions. He also trained us on how to participate and contribute at seminars. My heart-felt thanks are due to him.

Several academics at the University helped me to enhance my knowledge. Among them Lecturer V Sivasamy's approach into 'South Asian History' and 'South Asian Palaeography and Epigraphy' was a revelation. From Dr S K Sitrampalam's teachings I learnt about the fundamentals of 'Archaeological Research', 'South Asian Art and Architecture' and' Megalithic culture in Sri

Lanka'; and from Professor Senaka Badaranayke 'History of Sri Lankan Architecture'.

I learnt about 'Ancient Civilizations of the World' and 'European History' from Professor S Sathiyaseelan. Senior Lecturer Seelan Kathirgamar's lectures on 'Principles of Nationalism' gave me an insight into Sri Lankan nationalism and its modern manifestations.

Professor Sucharitha Gamlath who assumed duties in 1975 explained the relationships between the Sinhala and Tamil languages and helped me to understand the culture of the Sinhalese people. He is a man with a gentle temperament, and was able to clear many of my doubts about the Sinhala language and culture. He remains in my heart as a highly respected Sinhalese humanitarian.

In the early 1980s, my friend Dr. Ponnampalam Ragupathy enlightened me further on the disciplines of History and Archaeology, and facilitated me with the opportunity of joining the Anaikkottai excavation team. He also provided me with the opportunity of participating in his subsequent archaeological explorations. I am thankful to him.

During the years 1984-85 I had the opportunity to do my M.A. course in Anthropology at the University of Madras. I am thankful to all the teachers there, especially Late Professor V Sudharasan. I remember him taking us to the Athirampakkam caves of prehistoric man, and giving his lectures on site about the origins of 'Homo Sapiens' in Africa and their migrations to South India. It was an unforgettable experience, and laid the foundation for my interest in human migrations.

During 1989 at the University of the Witwatersrand in South Africa I had the opportunity to follow a course in Post Graduate Higher Diploma in 'Library and Information Science'. I am grateful to Professor Reuben Musiker and Senior Lecturer Ms Clare Walker for their teaching about the collection, collation and preservation of information on a scientific basis.

During 1994-95 while I was following an MSc course in Social Anthropology at the University College, London, I gained knowledge about the social markers of communities through their clothes, ornaments and make-up they wear, through the lecture of Professor Nanneke Redclift and Dr Allen Abrahamson. I am thankful to them.

Dr Siva Thiagarajah, a friend of mine with a doctorate in population genetics is currently helping me with the preparation of this book. He has provided me with articles and literature on this subject, and helps to clarify my doubts about DNA transmissions through populations He is in the process of preparing a book 'Peoples and Cultures of Pre-historic Sri Lanka' which is being serialised in the London paper 'Meedchi'. I am grateful to him.

Dr R Rengalakshmi, Principal Scientist at M S Swaminathan Research Foundation, helped me with my training at their Laboratory with DNA testing in plants. I learnt about DNA

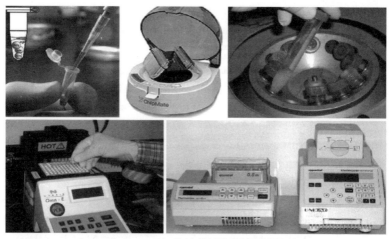

Apparatuses used in the lab while taking the training

testing in humans at Dr Mohan's clinic Laboratories in Madras. Dr Mahuya Sikdar (Roy) made all arrangements for me to have my training there. I am thankful to them as well.

Social Anthropologist Dr P Tamizoli has provided a foreword to this book and had advised me on the formatting of this book. Dr Bhakthavatsala Bharathi who had written 5 books on Human Anthropology has written a preface to this work. I am appreciative of their contributions.

Some of the pictures appear in this book were obtained from the archives of The Hindu. V. Suryanarain, retired Senior Professor of the Centre for South and Southeast Asian Studies of the University of Madras took me to the newspaper's archives and helped me to get the pictures. He also encouraged me on this publication and suggested many ideas. I am thankful to him.

Many have helped me in the translation of Tamil text into English. Ponnuthurai Balanathan is one among them. I thank all of them.

I am also extremely thankful to my friend Mr Visagaperumal Vasanthan who has been supplying me with a vast amount of historical, archaeological and genetic literature relating to the people of South Asia.

I am also obliged to T.Thushanth, S. Anandamurugan and his family for helping me with the composition and publication of this work.

Finally, I am extremely indebted to my wife Shylakumari who had encouraged me in no small measure, to my son Nirushan and my daughter Sinthuja. They havc helped me in many unseen ways through their sacrifice while I have failed to act as a father, spending time away from them involving myself with this work. I thank them all.

London

15 September 2010

Subramaniyam Visahan

svisahan@yahoo.co.uk

PREFACE

Until now, traditional methods have been employed to investigate the story of mankind. DNA analysis, the scientific advancement of the 21st Century has brought a new understanding to this study, and remains an icon of our time. None of the traditional investigators of Sri Lankan history have employed DNA studies in their toolkit to date.

Anthropolist Subramanim Vishan's new venture into the history of Sri Lankan people utilising DNA studies has brought out new facts. No doubt such scientifically proven methods will bring out more and more historical truths in future to be accepted by all humanity.

To date the history of Sri Lanka is based on racial and religions conventions, convictions as well as conjured up events. This has brought the destruction of a large chunk of humanity in Sri Lanka today. The use of internationally acclaimed DNA studies of Sri Lankan and Indian people published in prestigious scientific journals have elevated the academic quality of this book.

Not only in Sri Lanka, but the history of the people of the whole world, re-written on the basis of DNA studies could dispel the historical misconceptions we are subjected to, and help us gain an insight into our true past.

I wish well Visahan's endeavour to continue his service; and hope this book will be published in English, Tamil and Sinhalese.

Pudhucherry - 605008   **Bhakthavatsal Bharathi** Ph. D.
September 2010   Pondicherry Institute of Linguistics and Culture

1

APPEARANCE OF MODERN MAN AND HIS DISPERSAL ON EARTH

During the evolutionary process several living organisms which appeared on earth became extinct and several others adapted themselves to the environment in which they live and continue their existence. Among these organisms human beings were the most successful.

Humanoids first emerged in the African savannah 2.5 million years ago. These human forms evolved from the earliest known walking apes which appeared in the savannah 5 million years ago. To escape from the carnivorous animals which roamed the savannah, they have to stand up and look around to save themselves from death.

Homo erectus was one of the first hominids to walk erect. When the skulls and bones of these hominids were discovered at different parts of the world, they were named by the places where they were found. From the Hominid remains discovered at Neander in Germany he was called the Neanderthal man.; those found in Java, the Java man, and in China the Peking man. In India remains of similar humanoids were found in the banks of the Narmada river and the Siwalik Valley..

Homo erectus knew about the use of fire and the making of stone implements needed to hunt animals. Their facial muscles, lips, cheeks, forehead, eyes and eyelids were used to communicate with each other. David Attenborough in his book "Life on earth" describes them as compulsive communicators.

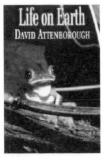

The modern man Homo sapiens evolved 160,000 years ago in Africa and dispersed from there to inhabit the rest of the world. From the bony remains it appears that the Homo sapiens were responsible for the eradication of Homo erectus.

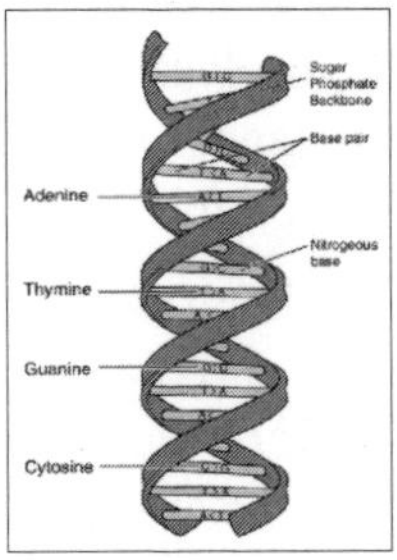

The study of population genetics, the scientific study of the 21st century provides answers to many of the baffling questions about human dispersal. Humans have millions of body cells, and each of these cells carry a nucleus. Within these nuclei are found chromosomes consisting of genes which carry the genetic material. The genes are made up of long chains of DNA molecules arranged in a double helix pattern. Such DNA could be extracted and studied even from bones over 50,000 years old. The study of DNA provides information as to the origins and dispersal of human beings.

MUTATION

Mutations are random changes which occur in the arrangement of the DNA molecules in a gene. Once such a change occurs it is passed on throughout subsequent generations, These are called the "genetic markers". Population geneticists use these markers to identify new branches in a genetic tree.

INVESTIGATIONS ABOUT MALE AND FEMALE GENETIC INHERITANCE

During sexual procreation and fertilisation of the ovum, the DNA has a tendency to get shuffled up and spliced. However two genetic components – the Y chromosome in the males and mitochondrial DNA in the females are not subjected to this shuffling and splitting and are passed on from generation to generation inact.. The study of these DNA is the tool of the population geneticist.

If we go back in time tracing our family tree, we will realise that far back in time all humans were evolved from a common ancestor. This is explained in detail by Chris Pomery in his book 'DNA and family History'.

IDENTIFICATION OF MALE DESCENDANTS BY SPENCER WELLS

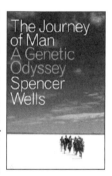

The Y-chromosome contains genes which are made up of DNAs characteristic of the male. Y chromosomes are absent in females. From the DNAs in the Y-chromosomes a man's father – his grand father – his great grandfather – all their male generations up to 100,000 years can be identified. Geneticist Spencer wells has used this in his phenomenal book "The journey of man: A Genetic Odyssey" to trace the origin and dispersal of modern humans throughout the world.

IDENTIFICATION OF FEMALE DESCENDANTS BY STEPHEN OPPENHEIMER

The mitochondrial DNA (mt DNA) present in human cells is passed on from a mother to her children and from her daughters to her grand children and so on. From a study of the mt DNA, geneticist can trace the female generations of a person to their origins in Africa. From a study of mt DNA, Stephen Oppenheimer in his book "Out of Eden: The peopling of the world" has traced how the original humans have dispersed all over the world.

However there is a difference of 20,000 years between the Y-chromosomes studies and mt DNA studies for the original date of migration out of Africa. Population Genetics is a young science; and in future better analysis techniques should be able to rectify this discrepancy.

MIGRATION TO INDIA

During the last Ice Age (Divensian glacial) which lasted from 115,000 B.P until 12,000 BP the sea levels around the world were 100-120 metres below its present levels. Britain and Ireland were united with Europe, Sri Lanka was a part of South India, Indonesian land mass extended up to Burma and the Red Sea was shallow.

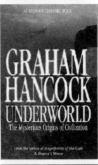

Humans who left Africa around 80,000 BP crossed the Red Sea and migrated along the shores of Arabia. While some stayed behind others moved foreword. Around 75,000 BP they reached South India. In a recent genetic study

Ice Age map of South India based on Graham hancock's book 'Underworld'.

DNA Shows 70,000 Year Link

A 30-year-old systems administrator from a small village close to Madurai in Tamil Nadu has been identified as one of the direct descendants of the first ever settlers in India, who had migrated from the African coast some 70,000 years ago.

The DNA of Virumandi Andithevar, one of the circa 700 inhabitants of Jothimanickam village, matched the white chromosome marker scientifically labeled "M130", which is a gene found only among the descendants of the African migrants who had spread across the world tens of thousands of years ago. "This young man and 13 members of his nine-generation clan carried the same marker in their genes. It means that his ancestors in all probability settled in this village several generations ago," said Prof. Rm Pitchappan, who led a team of scientists tracking the "M130" DNA.

Prof R.M Pitchappan has found the M130 genetic marker of there ancient migrants among the family of Virumandi Andithevar of Jothmanikkam village in South India.

The migrants reached South East Asia by 74,000 BP and finally Australia by 65,000 BP. From South East Asia they migrated South China. Skulls of modern man found at Liu Giang region has been carbon C-14 dated to 72,000 BP.

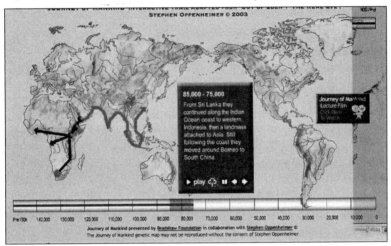

Coastal migration of early Homo sapiens from Africa to India, Australia and China.

MIGRATION TO EUROPE

Modern man migrated to Europe about 30,000 years after he reached Australia. During a more suitable climate people moved from East Africa along thc Nile corridor and reached the Mediterranean. From there a major branch moved to Europe and another to Asia.

From the Asian branch people moved into Arabia, Iran, Iraq, Afghanistan, North India, Russia, China and Japan. The European beach migrated into Britain,. Ireland and other West European countries. These migrations took place between 50,000 and 30,000 BP.

MIGRATION TO THE AMERICAS

America is the last continent to be occupied by the modern man. During 30,000-28,000 BP, North China and Japan were united with North America through the Bering land bridge, while the seas were frozen. People from North China and Japan migrated on foot to occupy Canada and America. The people of Japan and North China share the same DNA with the American Red Indians. The descendants of these people moved south to create the civilizations of the Incas and Mayas.

HUMAN VARIATIONS

All human beings occupying the entire world arose from a single pair of genetic parents. If so why do they all look different? Their appearance, skin colour, facial features all looks different. This is a change brought about by the environment. In evolutionary terms such changes in skin colour and features can occur in a period of 20,000 years (Stephen Oppenheimer).

DESTRUCTION FROM MOUNT TOBA

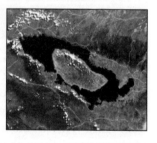

The volcanic eruption of Mount Toba in Borneo occurred in 74,000 BCE caused widespread destruction in South and South East Asia. Volcanic ash of 5 metres deep covered Sri Lanka, India and Pakistan; it took thousands of years for these regions to come back to normal.

The inhabitants who occupied Australia, Timor and Indonesia returned to occupy South Asia. These people are called the Australoids or Australasians. They speak a family of languages called Munda. In Sri Lanka the descendants of these people are called the Veddas..

To get detail information about human migrations out of Africa go to website www.bradshawfoundation.com/journey.

OPINIONS ABOUT HUMAN SETTLEMENTS IN SRI LANKA

A multi disciplinary approach from many scientific disciplines is needed to come to a proper understanding regarding the settlements of people in any particular region. The evidence obtained from these disciplines should also be able to indicate the dates of such settlements. Such disciplines include population genetics, archaeology, epigraphy, numismatics, human anthropology, linguistics and the geologic history of the region.

Literary sources do not provide accurate information regarding the age of a particular settlement of people. Again the information and details mentioned in the literary sources are questionable. Pali, Sinhala and Tamil literary sources come within this category. Many of these so called classics contain myths, fables and imaginary tales which do not conform to contemporary realism.

The Mahavamsa composed in the sixth century AD, is a primary example. This is a religions literature composed by Mahanama Thera in support of the Theraravada Buddhist institution 'Mahavihara' of Auradhapura. A contemporary literary source in Tamil is Maninnekalai which promotes the Mahayana Buddhist doctrine. This work written as classical poetry provides information about life in Naka Nadu, identified as ancient Jaffna.

Both these literary sources although they detail events of that period in a religious setting rather than describing the settlements of common people, some information about peoples' settlements can be gathered from them. The historical information of settlements based on these sources can be termed 'History of Peopling' while analysing the accuracy of such histories and validating them is termed 'Historiography of peopling'.

THE HISTORY OF PEOPLING IN SRI LANKA

There is no individual book which deals with the history of peopling in Sri Lanka. Such information is found in books about the history of Sri Lanka. Such history books belong to the colonial period of Sri Lanka (K Indrapala, 2005: The Evolution of an Ethnic Induslity p.5). During the 19th Century, 'historical books' in Pali like the Dipavamsa and the Mahavamsa were translated into English. New historical literatures were written based on these English translations.

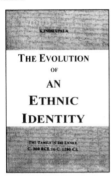

These books described the Sinhalese people as the proper inhabitants Sri Lanka and the Tamils were described as invaders from South India. Very soon the Sinhalese were labelled as Aryans and the Tamils as Dravidians (K Indrapala; lbid p 5-6).This belief that the peopling of Sri Lanka began with the Aryan migration gained ground among the educated, the politicians and remains the bed-rock of modern Buddhist-Sinhala-Nationalism.

HISTORY OF SETTLEMENTS AMONG TAMILS

Manimekalai mentioned before describes the Naga settlements of ancient Jaffna, who were speakers of the Tamil language; and elaborates the merits of Mahayana Buddhism. Works like Kailaya Malai, Vaiya Padal, Yalpana Vaipava Malai, and Mattakalappu Manmiyam provides information about settlements of Tamil people in a Hindu setting.

However some of them begin with the same story of Vijaya as mentioned in the Mahavamsa, but describes him as a Hindu prince. These books remain on amalgamation of facts and fictions.

Several new Tamil books appeared with the sole aim of refuting the claims made by the Buddhist-Sinhala-Nationalists. These books through 'counter-claims' tried to establish that Tamils were the original occupants of the island. They searched for evidence to show that when Vijaya and his colleagues arrived in Sri Lanka, the country was ruled by Hindu Tamil rulers for several centuries before their arrival.

~~Some of~~ Such books in Tamil include History of Eelam Tamils by Vasantha Nadarajan, Ancient History of Batticaloa, Batticaloa

Tamilakam. Baudda Sinhalavarum Sirupanmaiyorum by Keetha Ponkalan, and Social Education and History by the Vanni Social Study Group.

Among the above works, 'Social Education and History' a teachers handbook, instructed teachers in the Vanni areas to teach students about the antiquity of the Tamils without providing any evidence- based back up. Several websites in Tamil between 2000 AD -2008 AD projected a Tamil history without any supportive evidence. They promoted Tamil nationalism and made the Tamil youth to believe them.

The few genuine scholars, who had undertaken research about the Tamils on an academic basis, were unable to make any impression among the majority of the Sinhalese or the Tamil masses.

SRI LANKAN HISTORIOGRAPHY.

Historiography is the process of analysing the accuracy of written history using several tools available to the investigator, also called the historiographer. From his analysis he will be able to determine the 'Historicity' or degree of historical authenticity in the purported historical document.

In many instances written history do not have any authenticity or any evidence to support it. Both in Sinhalese and Tamil the writer's own ideas and convictions were presented to the people as their history. Such ideas projected a nationalistic and racial element to the written history; and these historical writings helped to promote communal antagonism among the ethic groups.

There were academics who had a deep understanding of the history of the island; but sadly these historians were side-lined. A pioneer historian with an open mind was G.C Mendis who approached history in an impartial unbiased manner. In recent years there were academic writings based on anthropology, archaeology and human genetics which began to view the traditional history with a critical mind. Both Sinhala and Tamil primary sources were subjected to an honest, impartial review.

Such an impartial academic is Professor Leslie Gunawardana. Another such academic is Professor Sudharasan Seniviratne. His major dissertation "The Social Base of Early Buddhism in South East India and Sri Lanka" presented for the first time the concept that when human settlements took place in the past, South India and Sri lanka remained a single cultural unit. Several other academics like Dr Siran Deraniyagala, Professor Senaka Bandaranaike and Professor Amaradasa Liyanage had contributed to understand the historiography of the Sri Lankan history

●

3

THE GENETIC EVIDENCES OF PEOPLING IN SRI LANKA

The Sinhalese being descendants of Vijaya and his followers is a concept that has been incorporated into the social and personal psyche of these people. This view purported through the Pali-Buddhist chronicles like the Dipavamsa and the Mahavamsa formed the basis of Sinhalese historiography. Over the past thirty years some genetic studies were conducted to assess the validity of these mythological claims; and whether they could be accepted as evidence of historical process.

This article summarises three of the genetic studies conducted among the Sri Lankan populations during the past 30 years, to decide whether this traditional account put forward by the Mahavamsa and accepted by many historians have any validity or not.

The three studies considered are:

1. The Legend of prince Vijaya- A study of Sinhalese origins by R.L.Kirk; American Journal of Physical Anthropology (1976) Vol.45.

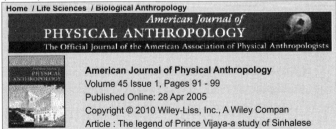

Home / Life Sciences / Biological Anthropology
American Journal of
PHYSICAL ANTHROPOLOGY
The Official Journal of the American Association of Physical Anthropologists
American Journal of Physical Anthropology
Volume 45 Issue 1, Pages 91 - 99
Published Online: 28 Apr 2005
Copyright © 2010 Wiley-Liss, Inc., A Wiley Compan
Article : The legend of Prince Vijaya-a study of Sinhalese

2. Blood Genetic Markers in Sri Lankan Populations- A Reappraisal of the Legend of prince Vijaya by N. Saha : American Journal of Physical Anthropology (1987) Vol 76.

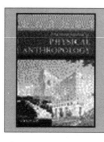

American Journal of Physical Anthropology
Volume 76 Issue 2,
Pages 217 - 225
Article : Blood genetic markers in Sri Lankan populations - reappraisal of the legend of Prince Vijaya
N. Saha
Department of Physiology, Faculty of Medicine, National University of Singapore, Singapore 0511

3. Genetic Variations in Sri Lanka by S.S.Papiha: S.S.Mastana and R.Jayasekara ; Human Biology, Oct 1996.

Genetic variation in Sri Lanka
(Special Issue on the Level of Genetic Differentiation in Populations of the Indian Subcontinent)
Human Biology
October 01, 1996
Papiha S.S., Mastana S.S. Jayasekara, R.

Dr. Kirk from the Department of Human Biology, The John Curtin School of Medical Research, Canberra , Australia ; based his study on two previous surveys one by himself and the other by various other authors. He considered two features for his analysis.

i. The relationship of inherited traits.

ii. Genetic Distance Studies.

For the inherited traits he based his study on the presence of an abnormal haemoglobin HbE, and hairy pinnae (ear lobes), believed to be common amongst the Sinhalese and the North–East Indians (Bengalis).

A Previous Study (Chatterjea: 1966) Showed the presence of HbE among the Bengali population. De Silva (1959) had reported a high frequency of HbE among the Sinhalese from around the city of Kandy .

Both the above studies were cited by Dr. Krik to show a relationship between the Sinhalese and the Bengalis.

As far as the Genetic Distance Studies are concerned he drew his conclusions from the Blood Analysis and serum group variants he conducted among the Sri Lankans in 1962, and compared it with findings from peoples of the various parts of India .

Various Blood groups, Rh and their components, which are present in our bodies are all determined by different genes in our chromosomes. These components and their concentration represented different gene distribution.

Genetic Distance is the measure by which geneticists measure the relationship between two different populations. Shorter the genetic distance, more close the two populations are placed; on the other hand if the populations are unrelated the distance would be far. On the genetic distance analysis he concluded that the modern Sinhalese populations are genetically related to the Tamils of Sri Lanka and South India , the Keralites, and to the Upper-Caste Bengalis. Genetically the Sinhalese are found to be unrelated to populations of Gujarat or Punjab .

His analysis of the Haemoglobin HbE was somewhat inconclusive. Although he had stated that the HbE was present among the Sinhalese population, Wickremasinghe and Ponnuswamy (1963) did not find even a single case of HbE among more than 1,000 Sinhalese they have tested.

Dr.N. Saha , department of medicine, National University of Singapore conducted his study in 1986. His study sample consisted of 260 unrelated male Sri Lankans: 106 Sinhalese Buddhists, 105 Tamil Hindus, and 49 Muslims. These people have to attend a Clinic for Medical Examination required for their employment as foreign workers in Singapore ; and blood samples were taken from them for various tests.

Serum protein, Red cell enzymes and Haemoglobin sub types were studied in the Sinhalese, Tamils and Muslims of Sri Lanka and were compared with those of the Indian populations. The allelic frequencies of all the Sri Lankan populations were similar without any signification differences. Genetic evidence linking the origin of the Sinhalese to the populations of East India (Bengalis) was not found.

The third study was conducted in 1995 by Dr. S.S. Papiha, Department of Human Genetics, University of New Castle upon Tyne , U.K. ; Dr.S.S.Mastana, Department of Human Sciences, Loughborough University U.K. and Dr.R. Jayasekara , Human Genetics unit, Faculty Medicine, University of Colombo , Sri Lanka .

Blood samples were collected in Colombo and surrounding areas from 102 Sinhalese, 100 Tamils, 103 Burghers, 100 Muslims and 103 Malays who were healthy, normal and unrelated individuals, by Dr. Jayasekara and his team. Altogether 608 blood samples were collected and transported by air to the Department of Human Genetics. University of New Castle Upon Tyne .

Several genetic markers including subtype variation of Hp, TF, PI, GC, ORM and PGMI were analysed for the first time, which helped to clarify the range of genetic variation in Sri Lankan Populations.

In the Genetic Distance analysis the Sinhalese were found to be closely related to the Tamils, followed by the Moors (Muslims). The Burgher population – a hybrid group between the Dutch and Portuguese and the local Sinhalese showed European features, but its gene frequencies were similar to the local Sinhalese.

In Genetic Affinity studies the Sinhalese were again found to be closely related to the Tamils; where as the Burghers, Moors and Malays showed a greater degree of isolation. But compared with the possible population of their origin, all the five population of Sri Lanka showed some degree of affinity to each other.

In the final analysis, the Sinhalese and the Tamil Population of Sri Lanka appear to be the descendants of a single genetic group who had occupied this country from prehistoric times. The Moors (Muslims) although sharing some traits with the Arabs, has a close genetic affinity to this group, Outside Sri Lanka, the Tamils of South India, the Keralities, and a little further the Bengalis are genetically related to the Sinhalese and Tamils of Sri Lanka.

●

4

SETTLEMENTS OF MODERN HUMANS IN SRI LANKA

Sri Lanka is an island off the southern tip of India. Until 7,000 years ago Sri Lanka was a part of the Indian sub-continent. When the sea levels rose by 100-120 meters by the end of the last Ice Age Sri Lanka got cut off from the Indian mainland as an island.

India - Sri Lanka: Search for a common past

THROUGHOUT one recent week, at different venues in Chennai, Dr. Siran Upendra Deraniyagala, former Director General of Archaeology, Sri Lanka, called for a much closer partnership between India and Sri Lanka in exploring the prehistoric links between the two countries and their influence on the rise of civilisation in this part of the world.

The six-incisored hippopotamus of Sri Lanka — A recurring theme was that Sri Lanka was, "more often than not, linked to southern India by a land bridge." He held that during the last 7,00,000 years the sea level dropped sufficiently at least 17 times to create such a connection. The last separation of Sri Lanka from India was, he thought, about 7,000 years ago!

Until this separation occurred it is very likely that settlers in South India had reached Sri Lanka on foot, and there were to and fro passage of humans and animals between the two lands. Hence the early settlements of the South India-Sri Lanka region need to be considered together.

Pre-historic basis for the rise of **Civilization** in Sri Lanka and Southern India

Dr. Siran Upendra Deraniyagala

There is evidence of hominid (early human forms) settlements in Sri Lanka 130,000 years ago and probably by 300,000 BP. The prehistoric coastal sands called "Iranamadu Formation" which could be early as 130,000 BP, carry evidence of human habitation.

Homo sapiens or modern man originated in Africa around 180,000-160,000 BP, and from there had arrived in several waves over the past 75,000 years. Their migrations were restricted by the ice which covered the earth and they were able to move only during lulls in the glaciations known as the interstadial periods. The migrations of the major groups which arrived in South India-Sri Lanka region are only considered here.

1. THE NEGROID-AUSTRALOID GROUP: M13O

During their first exodus from East Africa, modern humans called Homo sapiens arrived in South India-Sri Lanka around 75,000 BP. They crossed the Red Sea, took a coastal route along

Sketch of Balangoda Man, believed to be the Australoid ancestor of the Veddas.
COURTESY: PREHISTORIC CEYLON - A SUMMARY 1968 (S. DERANIYAGALA)

the Arabian Peninsula, turned around at the Gulf and continued toward South India-Sri Lanka beachcombing along the South coast of India. From Sri Lanka they continued along the Indian Ocean coast to Western Indonesia, a land mass attached to Asia and to Timor. From Indonesia and Timor they reached Australia by 65,000 B.P (Stephen Oppenheimer: Out of Eden – The Peopling of the World, London 2003)

These early migrants were called people of Negroid type and the males in their Y-chromosome carried a genetic marker M130, which is called the Indian Coastal Marker by the geneticists.

Around 40,000 BP, the descendants of the original occupants from Indonesia and Malaysia dispersed to several regions of the world. They reached India through Burma and migrated up to Sri Lanka. They spoke a language belonging to the same family as the aborigines of Australia called Austric or Munda. The Veddas of Sri Lanka belong to this group. The genetic marker M130 is present among this group as well. The Melanesians are a branch of this Australo-Asiatic group.

2.   THE ANCESTRAL DRAVIDIANS: M20

The term 'Dravidian' originally used to refer to a family of languages, over the years is also used to denote the speakers of those languages, and finally to the ethnic groups who gave rise to these people.

The next major wave of migration into India occurred from the Middle-East 30,000 years ago. Geneticist Spencer Wells identifies the presence of genetic marker M20 in the Y-Chromosomes of the male descendants of this group. Among the South Indian Tamils M20 reaches a frequency of over 50 percent; (Spencer Wells, 2003: The journey of Man: A Genetic Odyssey, p.166) hence called the genetic marker of Ancestral Dravidians.

These migrant groups of the Mesolithic age were hunter-gatherers and the forest regions of Sri Lanka would have been a suitable home for them. It is very likely that the frequency of this genetic marker among the Sri Lankan population is similar to that in South India.

3. THE ELAMO-DRAVIDIANS: M172

These are a group of people who migrated from the region of Elam in Mesopotamia (present day Khuzistan) 11,000 years ago after the end of the last Ice Age. They

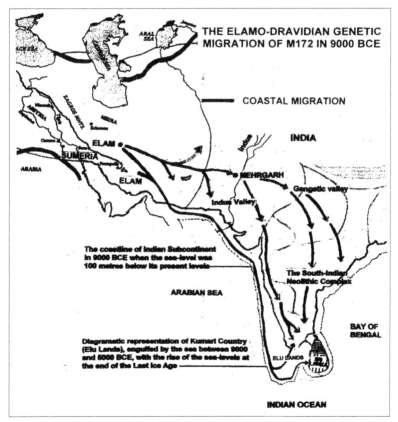

The Elamo-Dravidian Genetic migration from Elam in the Middle-East to India and Sri Lanka.
(Courtesy: Siva Thiagarajah: Peoples and Cultures of Prehistoric Sri Lanka, Ch.7; awaiting publication)

entered India through Baluchistan, settled in Mehrgarh (9000 BP), Indus Valley (7000 BP), Gangetic Valley (7000 BP) and reached the Krishna-Godavari basin (5500 BP). They brought with them the knowledge of Agriculture and the proto-Elamo-Dravidian language. This group possess the genetic marker M172 in their Y-chromosomes, which is present all over India, reaching a frequency of 19-21% among the South Indian Tamils, concentrated mainly among their agricultural communities (Sangamitra Sengupta, 2006: Polarity and Temporality of High Resolution Y-Chromosome Distribution in India, American Journal of Human Genetics no.78 pp 202-221.; Siva Thiagarajah, 2010: Peoples and Cultures of Prehistoric Sri Lanka– in print; Ch.7).

A similar distribution is expected among the people of Sri Lanka.

4. THE INDO-ARYANS: M17

The Indo-Aryans were pastoral nomads from the central Asian steppes who came to Iranian plateau around 4000 BP, and from there migrated into India around 3800 BP. They brought with them the Indo-European languages into Iran and India.

This group is identified by the genetic marker M17 in the Y-Chromosome of the male population. Among the males of Pakistan, Afghanistan and North Western India the frequency of M17 is more than 45 percent. Among the Hindi speaking population of Delhi, 35% of the men carry the M17 marker (Spencer Wells, 2003: The Journey of Man: A Genetic Odyssey, p.167).

Among the present-day South Indians 10% of the male population carry this marker, mainly transmitted through the Brahmin community. The frequency of M17 among the Sri Lankans is not known. Early genetic studies discussed elsewhere show the presence of Bengali traits among some Sri Lankans.

5. MEGALITHIC CULTURE OF THE DRAVIDIANS

The Megalithic Culture in India is essentially a South Indian phenomenon associated with the Dravidian people. Although isolated instances of megalithic burials are discovered in the Bengal and Kashmir regions, they are associated with the ancestral populations rather than with the Indo-Aryans. The heartland of Indo-Aryan North India – Punjab, Gujarat and Rajasthan are devoid of megalithic burials.

Several authorities use the term Iron Age Culture as an alternative to the Megalithic Culture. It must be noted that recent Radiocarbon assessments give a date of 3500 BP for the commencement of South Indian Megalithic culture, a period when iron was not known. Iron makes its appearance in India only around 3000 BP. Thus, the beginnings of Iron Age Culture is about 500 years later the onset of Megalithic Culture.

Three major components constitute the Megalithic Culture Complex (1) Megalithic burials (2) Black and Red ware culture; and (3) Iron Age Culture. Associated components are: (1) Habitations (2) Cultivation fields; and (3) Rivers and Tanks.

In the Sri Lankan context the Megalithic artefacts, even from a major site such as Pomparippu are not subjected to any Radiometric (Radiocarbon, Thermo-luminescence) assessments to-date. At Anuradhapura and certain other centres radiometric assessments have been used to determine the age of Iron and other artefacts.

In Sri Lanka Megalithic artefacts are found all over the island. It is difficult to assess whether this was the movement of a culture on its own; or whether it was associated with actual movements of a people. But from its distribution all over the island, we have to assume that it was a common culture which belonged to the ancestors of both the Sinhalese and Tamil people of Sri Lanka.

Burial Types

1 Urn Burials

2 Pit Burials

3 Stone Lined Tombs (Cists)

4 Cists with Urns

5 Megaliths with Capstones

6 Stone Circles

Early Iron- Age Settlement Sites

1 Karainagar
2 Anaikoddai
3 Kantarodai
4 Mantai
5 Tekkam
6 Pomparippu
7 Akurugoda
8 Mukarugoda
9 Pinwewa
10 Karambankulam
11 Aluthbombuva
12 Mamaduwa
13 Tamawella kodalla
14 Vadigawewa
15 Kurugalginna
16 Kokabe
17 Thivulwewa
18 Rambawewa
19 Anuradhapura
20 Machagama
21 Kathiraveli
22 Mabagala
23 Kataragama
24 Galathara
25 Makawita
26 Pathawigampola
27 Ibbankatuwa
28 Nalle
29 Kalothuwewa

Early Iron- Age Settlement Sites

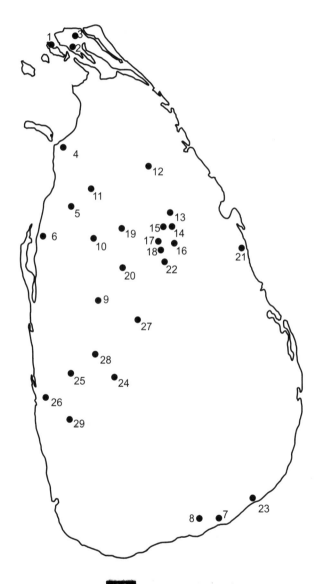

5

IMAGINARY HISTORY AND
ITS TERRIBLE EFFECTS IN THE SOCIETY

Among the living beings on this earth, the ability to recall the past is special to humans. This special ability had sometimes led societies along the wrong path causing immense damage to themselves. Benedict Anderson in his book '*Imagined Community*' has detailed the enormous damages caused to some societies by propaganda based on imaginary description of past events.

He has given examples from various countries of religious mythological stories which were portrayed as real events and then used as propaganda. Such propaganda, in the passage of time had made these societies to believe that they were superior to other societies. This feeling of superiority, as time passed had not only grown into a belief that other societies were inferior to them but also created a feeling that the other groups should be wiped out.

It was this feeling of superiority that created the creed of Nazism in Germany, Fascism in Italy, and among the Japanese that they were descendents of the Sun God and during Word War II caused these societies to succumb to the propaganda that members of other social groups should be killed thereby causing the end of innumerable lives resulting in genocide.

Mythological events favourable to them were used as facts in political propaganda. The history of Sri Lanka too did not escape from such falsehood. The events that happened many centuries ago were interpreted based on the imaginary stories found in Mahavamsa that was written long afterwards. Bruce Kapferer in his book, '*Legends of people, Myths of State*', has explained that the violence and intolerance in Sri Lanka was a result of such propaganda. S.Thambiah in his book, '*Buddhism betrayed? Religion, Politics and Violence in Sri Lanka*', while questioning whether Buddhism and Sinhalese people were treated unjustly under British rule had described in detail how history had been altered by myths.

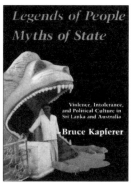

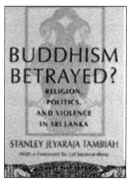

In a research paper titled, '*Rehabilitation of Tamils with Special Reference to Tamils in London*', submitted to the Anthropology department of the University College of London for M.Sc., S.Visahan has clearly described in detail how the intention to get rid of the Tamils by murder and torture has rendered them as international refugees.

If history is written based on imaginary beliefs, it not only erases the factual events from records but also creates a situation where groups within such societies may face genocide.

6

MAN AND HIS ETHNIC GROUP IDENTITY.

The term ethnic refers to one's group, behaviour, identity or heritage. The word ethnicity identifies the group one belongs to and is based on the nature and the behaviour of the members of that group. It cannot be accepted as indicating the physical characteristics of one's body.

The following have been accepted by many as factors defining an ethnic group.

1. Common place of living,

2. Common ancestry,

3. Common language,

4. Common practices or culture,

5. Common believes and customs,

6. Identifying themselves as a separate group,

7. A separate name for the group,

8. A history based either on mythology or imaginary historical events. These definitions will be useful for a research on the ethnic groups of Sri Lanka.

Based upon his own assessment, one identifies himself as belonging to a certain ethnic group. This identification is therefore accepted by others too. This self-perception is one of many ways in which groups and individuals can be identified as belonging to a particular ethnic group.

In addition, identification can be based on physical anthropology. This is based on colour and measurements of body parts as in anthropometric measurements.

A group can be given an ethnic name based on the clothes and ornaments worn, jewelleries and make-ups used. For example those wearing turbans are called Punjabis and those who wear caps as Muslims. These marks are called social marks and identifying groups on such basis is not correct, because one could change his ethnic identity by changing his clothe.

RELEVÉ
DU
SIGNALEMENT ANTHROPOMÉTRIQUE

1. Taille. — 2. Envergure. — 3. Buste. —
4. Longueur de la tête. — 5. Largeur de la tête. — 6. Oreille droite. —
7. Pied gauche. — 8. Médius gauche. — 9. Coudée gauche.

Sometimes one's ethnicity is identified by the language he speaks. Though this method is generally accepted, it too creates problems in practice. If we accept that those who speak the Tamil language as ethnic Tamils, the question arises as to whether we can include the Indian Tamils, the Tamil speaking Muslims and the Diaspora Tamils who have forgotten to speak their mother tongue in the same ethnic group.

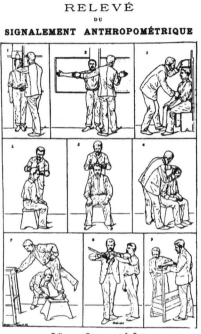

The pictures at the end of this book show with examples how one can make a wrong judgement about one's ethnicity when it is based on one's clothing and the appearance. The facts I have gathered from my experience as an emigrant living abroad is as follows. There are many Asians of different ethnic groups living in London where I live. They all wear clothes that suit the climatic condition and appear the same. Only a few wear identifiable marks. Many from the Asian community wear western clothes to suit the weather and as such they all appear alike and it is impossible to identify their ethnicity. Thus it is questionable as to how much one can rely on the clothing and the ornaments that are worn in order to identify one's ethnicity.

We can thus conclude that though there are many ways to identify one's ethnicity it is not always possible to arrive at a correct decision.

●

CONCLUSIONS

There is nothing new in whatever that has been brought out in the chapters of this book. They are already known. They were brought out by some of the best academics and were confirmed through scientific research. Many others failed to see the intricacies related to understanding the origins of human settlement in the island in a scientific way. For them their wishful thinking is the history of human settlement in the island. Obviously they will be disappointed by what is said in this book.

In the third chapter of the book we have seen what studies have hitherto been undertaken on genetic evidence of human population in the island conducted through incipient scientific studies such as blood group analysis. Such studies were conducted in the years 1976,1987 and 1996.

The genetic distance between the people of the island and the subcontinent were for the first time investigated in these studies. The methods adopted for these studies were incipient to genetic studies. More reliable and absolute methods have been designed in recent times in genetic studies. New knowledge is available now on the genetic heritage and global distribution of modern humans, the Homo sapiens.

The Human Genome Project (HGP) records the genetic information and now it has completed its 13th year in 2003. The Human Genome Map of the World has been prepared for many countries but not for the island of Sri Lanka. The global demographic history of humanity, ever since the origins of humanity, is thus being unveiled scientifically.

Human Genome Project (HGP)

By joining the programme Sri Lanka could able come out of myths and could pave way for objective studies on the history of human population in the island, at least in the future. University departments, especially history, medicine and science departments should engage in such studies for the sake of upholding truth and healthy academics.

Readers interested in further information are invited to the appendices, epilogue and illustrations given at the end of this book.

●

POSTSCRIPT

The population of many countries of the modern world is the resultant of a continuing migratory process. Most of these people have left their home country for several reasons, and have moved into new lands. According to a U.N. population report the number of such displaced people total about 175 million.

A significant number of Sri Lankans are included in the number of such internationally displaced people. They include the ethnic groups of Sri Lanka like the Tamils, Sinhalese and Muslims, formed during the historical period. The main reason for these international displacements is the ethnic conflicts of the past three decades.

NUMBER OF WORLD'S MIGRANTS REACHES 175 MILLION MARK

Migrant Population Has Doubled in Twenty-five Years

New York, 28 October -- With around 175 million people currently residing in a country other than where they were born, the number of migrants in the world has more than doubled since 1975, with most living in Europe (56 million), Asia (50 million), and Northern America (41 million), according to findings from the wall chart *International Migration 2002*, issued by the United Nations Population Division.

Press Release
POP/844
http://www.unpopulation.org

The strategic situation of Si Lanka is one of the main reasons for the dispersal of the Sri Lankan people on a world-wide basis after a long period of calm and quiet.

The Indian Ocean is 10,000 km wide extending between Africa and Australia. 47 countries have the Indian Ocean as their coastline. 12 major harbours belonging to 8 countries are situated around the Indian Ocean. Indian Ocean is the main sea linking the regions of America, Europe, Africa, Middle-East, South Asia and East Asia.

Those who can control the Indian Ocean can dominate Asia. Indian Ocean connects all the seven major seas of the world. A former U.S. naval commander had expressed an opinion that the future of the world could be determined by those who dominate the Indian Ocean.

Because of this, several nations worked towards maintaining stability in Sri Lanka. And Sri Lanka became a focus of discussions in international politics.

All the parties who were concerned about maintaining stability in Sri Lanka operated with their own national interests and welfare in mind. As a result there was no unitary consciousness among these nations, and disagreements began to surface. Such disagreements turned into a power struggle as to who should dominate Sri Lankan affairs. As a result Sri Lanka now functions as a puppet of international governments.

●

APPENDIX – I

ஆனைக்கோட்டை முத்திரை

யாழ்ப்பாண மாவட்டத்தில் ஆனைக்கோட்டையில் 1980 டிசெம்பர் மாதத்தி **கா. இந்திரபாலா** தலைமையில் யாழ்ப்பாணப் பல்கலைக் கழகத்து வரலாற்றுத் துறையைச சேர்ந்த ஒரு குழு அகழ்வாய்வு நடத்திய போது ஆதி இரும்புக்காலச் சவ அடக்கம் ஒன்று வெளிப்படுத்தப்பட்டது. அதில் காணப்பட்ட ஓர் எலும்புக் கூட்டுடன் கைவிரலில் அணியும் மோதிரம் ஒன்று ஸ்டீட்டைட் எனப்படும் கல்லில் பொறிக்கப்பட்ட பெயருடன் கிடைத்தது. இத்தகைய ஆதி இரும்புக்காலச் சவ அடக்கங்களில் தென்னிந்தியாவிலோ இலங்கையிலோ இதற்கு முன் இப்படிப் பெயர் பொறித்த பொருள் எதுவும் கிடைக்க வில்லை.

இம்மோதிரம் ஒரு முத்திரையாகப் பயன்படுத்தப்பட்டது. இம்முத்திரையில் இரண்டு வரிகளில் எழுத்துக்கள் உள்ளன. முதல் வரியில் மூன்று குறி எழுத்துக்களும் இரண்டாவது வரியில் மூன்று பிராமி எழுத்துக்களும் உள்ளன.

பிராமி எழுத்துக்கள் 'கோவேத' எனப் படிக்கலாம். இச்சொற்றொடர் பிராகிருத மொழியைச் சேர்ந்தது அன்று. இதனைக் கோ+வேத எனப் பிரிக்கலாம். இது சமகாலத்துத் தமிழ்நாட்டுத் தமிழ்ப் பிராமிக் கல்வெட்டுக்களில் வரும் சொற் றொடர்களாகிய கோ ஆதன், கோபூதி விர ஆகிய சொற்றொடர்களுடன் ஒப்பிடத் தக்கது. இதில் வரும் 'கோ' மன்னனைக்

பேராசிரியர் இந்திரபாலா ஆனைக்கோட்டையில் அகழ்வாய்வில் ஈடுபட்டுக்கொண்டிருக்கிறார்

குறிக்கும் ஆதித் தமிழ் / திராவிடச் சொல்லாகும். முத்திரைகளிலும் நாணயங்களிலும் வரும் பெயர்கள் பொதுவாக ஆறாம் வேற்றுமை உருபு டன் (அதாவது 'உடைய' என்ற பொருள் படும் சொல் இறுதியுடன்) காணப் படும். தமிழில் மட்டுமின்றிப் பிராகிருதம் மற்றும் சம்ஸ்கிருதம் ஆகிய மொழிகளிலும் இவ்வாறே ஆறாம் வேற்றுமை உருபுடன் பெயர் காணப் படும். எடுத்துக்காட்டாக, கந்தரோடையில் கிடைத்த சிவப்புக் கார்னீலியன் முத்திரையில் உள்ள பெயர் சம்ஸ்கிருதத்தில் விஷ்ணு பூதிஸ்ய எனக் காணப்படுகிறது. இதன் பொருள் 'விஷ்ணுபூதி உடைய' என்பதாகும். ஆந்திரப் பிரதேசத்தில் கிடைத்த ஸாதவாஹன மன்னர்களுடைய நாணயங் களில் ஸிரிஸாதகணிஸ மற்றும் ஸிரி புலுமாவிஸ ஆகிய பெயர்கள் காணப் படுகின்றன. இவை முறையே 'ஸிரி ஸாதகணி உடைய', 'ஸிர்புலுமாவி உடைய' எனப் பொருள்படும். இதேபோன்று, ஆனைக்கோட்டை முத்திரை யிலும் பெயர் ஒன்று ஆறாம் வேற்றுமை உருபாகும் காணப் படுகின்றது. அந்த உருபு பழந்தமிழில் காணப்படும் 'அ' உருபு ஆகும். பழந்தமிழில் மட்டுமின்றித் தென் திராவிட மொழிகளாகிய இருளர் மொழி, வடகர் மொழி மற்றும் துளு மொழி ஆகியவற்றிலும் இந்த உருபு உள்ளது. பழந் தமிழர் பிராமிக் கல்வெட்டுக்களிலும் இதனைக் காணலாம். சங்கத் தமிழ்ச் செய்யுள்களில் இதற்கு எடுத்துக்காட்டாக, குறுந்தொகையில் வரும் சொற் றொடராகிய 'மரத்தகோடு' என்பதைக் குறிப்பிடலாம். இது 'மரத்தினுடைய கோடு' என்று பொருள்படும்.[1]

இப்படிப் பார்க்குமிடத்து, ஆனைக்கோட்டை முத்திரையில் உள்ள பிராமி எழுத்து வாசகத்தைப் பின்வருமாறு பிரித்துப் படிக்கலாம். கோ+வேது+அ=கோவேது உடைய. வேது என்ற பெயருடன் தொடர் புடையதாக முதலாம் வரியில் உள்ள குறி எழுத்துக்கள் எழுதப்பட்டுள்ளன என்று தோன்றுகிறது. இக்குறி எழுத்துக்கள் பிராமி எழுத்துப் பயன்படத் தொடங்குமுன் இருந்து சில தேவைகளுக்காக எழுதப்பட்ட எழுத்துக்கள்.

1. இங்கு கூறப்பட்ட விஷயங்களை விரிவாக அறிவதற்குப் பின் வருவனவற்றைப் பார்க்கவும்.

Indrapala 1981; Mahadevan 2003; 434, 435, 552; Krishnamurti 2003:233-234; Nagaswamy 1981: 131, 141.

●

APPENDIX – II

A NOTE ON THE ANAIKODDAI SEAL
INSCRIPTION

A steatite seal (earlier mistakenly referred to as a metal seal) was among the artefacts excavated at the megalithic burial site at Anaikoddai, Jaffna District, in December 1980. The legend on the seal has two lines. The ftrst line consists of three non-Brahmi symbols. The second line has three Brahmi letters. Soon after its discovery, the present writer proposed two possible readings of the Brahmi inscription on the seal: kovetan and koventa[1]. The readings were the result of taking the dot above the letter ta as an anusvara. But after further analysis of the inscription and consideration of the evidence of the Tamil Brahmi inscriptions, the present writer is now of the view that the dot may not be an anusvara but a part of the non-Brahmi symbols. Consequently, it is only the three Brahmi letters that have to be read as the name on the seal. The reading of the Brahrni letters is, therefore, kuveta.

Prof.K.Indrapala engaged in excavation at Anaikkottai

The name Koveta is not Prakrit. It is comparable to such names as Ko Atan and Ko Putivira occurring in the contemporary Tamil Brahmi inscriptions in south India and has to be read as Ko Veta[2]. It is to be taken as Early Tamil, although one cannot rule out the possibility of it being some other unknown Dravidian language. Ko in Tamil and Malayalam means 'king' and no doubt refers to a chieftain here. Being a seal inscription, the name Ko Veta can be taken to be in the genitive case. This would mean that the final consonant -ta or the final vowel -a is the genitive suffix. In Early Tamil as well as in certain other South Dravidian languages the suffix -a occurs as a genitive case ending[3]. In the Tamil Brahmi inscriptions, -a occurs as a genitive sufftx[4]. Here, too, the genitive suffix is -a. On this basis, Ko Veta could be split as Ko+Yetu+a (= ofKo Vetu)[5].

1. Indrapala 1981.

2. Mahadevan 2003: 434, 435

3. Krishnamurti 2003: 233-234. It occurs in some of the Sangam poems (Kuruntokai 99.4) and in the Irula, Badaga and Tulu languages in the South Dravidian group.

4. Ibid: 290; this suffix also occurs in legends on coins in Tamil Nadu (*Centan a* in Nagaswamy, R., 1981, *Tamil Coins: A Study*, Madras: 141) and Sri Lanka (*Utirana* in Bopearachchi and Wickremasinghe 1999: 56). The genitive case in these coins is comparable to the genitive case (sa) of the Prakrit legends, such as *Siri Pulumavisa* and *Siri Satakanisa*, in the *Satavahana* coins of Andhra Pradesh (Nagaswamy, op.cil. 131).

5. Cf *pankata*, split as ***pankatu+a*** (= of Pankatu) - Mahadevan 2003: 552; *maratta kotu* split as *marattu+a* (=of the tree) *kotu* in *Kuruntokai* 99.4. This interpretation of taking the final- a of Ko veta as a genitive suffix was first suggested by Ragupathy (Ragupathy 1987: 202).

●

APPENDIX – III

இந்தியாவிலிருந்து இலங்கைக்குக் குடிபெயர்ந்து நவீனகாலத்தில் இலங்கையில் பிரபல்யம் அடைந்த குடும்பங்கள்

நவீன காலத்தில் இலங்கை அரசியலில் பிரபல்லியம் பெற்ற சில குடும்பங்களின் மூதாதையர் பொலன்னறுவையின் வீழ்ச்சிக்குப் பின் இலங்கைக்குப் புலம் பெயர்ந்தவர் என்பதை மறக்கக்கூடாது. கடந்த ஐம்பது ஆண்டுகளுக்கு மேலாக முக்கியத்துவம் பெற்ற பண்டாரநாயக்க குடும்பத்தின் மூதாதையர் பதினேந்தாம் நூற்றாண்டில் இலங்கைக்கு புலம் பெயர்ந்த செய்தி அக்குடும்பத்தின் ஆவணங்களில் கூறப்பட்டுள்ளது. இம்மரபுகளின் படி, 1454ல் நீலபெருமாள் என்பவர் சமன் தேவாலயத்தின் பெருங்குருவாக நியமிக்கப்பட்டு நாயக பண்டாரம் என்ற பெயரைப் பெற்றார். நாயக பண்டாரம் பின்னர் பண்டாரநாயகமாக மாறி, ஈற்றில் சிங்களவடிவமாகிய பண்டாரநாயக என்ற வடிவத்தைப் பெற்றது. குடும்பத்தின் பெயர் மாற்றம் போன்று, மதமும் மாற்றம் பெற்றது. நீலப் பெருமாளின் இந்து மதம் காலப்போக்கில் பவுத்தமாக மாறி, பதினேழாம் நூற்ருண்டில் ஆட்சியாளராகிய போர்த்துக்கீசர் மதமாகிய கத்தோலிக்க மதமாக மாறி பின்னர் வந்த ஆட்சியாளர் மதமாகிய புரட்டஸ்தாந்த கிறிஸ்தவமாக மாறியது. (பிரதமராக இருந்த எஸ்.டபுள்யூ.ஆர்.டி.பண்டார நாயக அரசியலில் ஈடுபட்டபோது பௌத்தராக மாறினுர்). ஜயவர்தன குடும்பத்தின் வரலாறும் இதையொத்தது. இக்குடும்பத்தின் மூதாதையர் பதினேழாம் நூற்ருண்டில் தமிழ்நாட்டிலிருந்து புலம் பெயர்ந்த ஒரு செட்டியார் குடும்பத்தைச் சேர்ந்தவர். பதினெட்டாம் நூற்ருண்டின் இறுதி யளவில் இவருடைய வழித்தோன்றல்கள் சிங்கள குடும்பப்பெயராகிய ஜயவர்தன என்ற பெயரைப் பெற்று கிறிஸ்தவர்களாக மாறியிருந்தனர். பத்தொன்பதாம் நூற்ருண்டின் தொடக்கத்தில் ஆங்கிலேயருக்குச் சேவை

புரிந்து கௌரவம் பெற்ற டொன் எட்ரியன் விஜெஸிங்க ஜயவர்தன (இறப்பு 1830) தம்பி முதலியார் எனவும் அழைக்கப்பட்டார். இவருடைய நேரடி வழித்தோன்றல் இலங்கையின் முதலாவது ஜனாதிபதியாகிய ஜே.ஆர். ஜயவர்தன அரசியலில் ஈடுபட்ட காலத்தில் பௌத்தராக மாறினார். இவ்விரு குடும்பங்கள் பற்றிய விவரங்களுக்குப் பின்வரும் நூல்களையும் கட்டுரைகளையும் பார்க்கவும்:

Gooneratme. Yasmine (nee Yasmine Dias Bandaranayake). 1986, Relatives Merits; A Personal Memoir of the Bandaranaike Family of Sri lanka, London; De Silva, KM., and Wriggins, Howard, 1988, J.R. Jeyawardene of Sri lanka: A Political Biogrophy, London; Rutnam James T., 1957, The House of Nilaperumal, Tribune, 19 july 1957, Colombo; Rutnam, James T, 1957, Tambi Mudaliyar's Legacy, Tribune 30 August, 1957, Colombo.

நன்றி: இந்திரபாலா

●

APPENDIX – IV

FAMED FAMILIES OF MODERN CEYLON MIGRATED FROM INDIA

It should not be forgotten that forebears of some of the famed families in the modern era of Ceylon migrated from India following the fall of Polonnaruwa. Records relating to the Bandaranayake family, who were prominent for half a century, indicate that the forerunners migrated to Ceyon in the 15th century. They point to Neelapperumal being made the chief priest of Saman Devale in 1454. His position is stated as Nayaka Pandaram, meaning Chief Priest. In time, Nayaka Pandaram transformed first as Pandara Nayakam and later as the Sinhalised Bandara Nayake. If the family name transformed so did the religion of its members. Neelapperumal, the Hindu, became a Buddhist convert.

The family converted to Catholicism during the 17th century, it being the religion of the ruling Portuguese. Under British rule the family embraced Protestantism (Prime Minister S.W.R.D.Bandaranayke converted to Buddhism when he entered politics). The history of the Jayawardene family is also very similar. Ancestors of this family hailing from the Chetty families in Tamilnadu migrated to Ceylon in the 17th century.

Towards the end of the 18th century members of this family became Christians taking on the Sinhala family name of Jayawardene. Don Adrian Wijesinghe Jayawardene (died 1830), whose service was acclaimed by the British, was also known as Thamby Mudaliyar. His descendant J.R.Jayawardene the 1st President embraced Buddhism when in politics. Details on these two families are to be found in the following works: -

Gooneratme. Yasmine (nee Yasmine Dias Bandaranayake). 1986, Relatives Merits; A Personal Memoir of the Bandaranaike Family of Sri lanka, London; De Silva, KM., and Wriggins, Howard, 1988, J.R.Jeyawardene of Sri lanka: A Political Biogrophy, London; Rutnam James T., 1957, The House of Nilaperumal, Tribune, 19 july 1957, Colombo; Rutnam, James T, 1957, Tambi Mudaliyar's Legacy, Tribune 30 August, 1957, Colombo.

Courtesy: Prof. K. Indrapala

•

APPENDIX – V

TORTURE METHODS OF THE SRI LANKAN SECURITY FORCES

- ◆ Beating mainly on buttocks, with plastic filled with concrete.
- ◆ Hanging by the feet over a chillie fire.
- ◆ Hanging by the feet over a chillie fire with the head covered with a sac.
- ◆ Pushing pins under finger nails and toe nails.
- ◆ Burning with lighted cigarettes all parts of the body including the tongue.
- ◆ Slitting the skin and packing with chillie powder.
- ◆ Slitting the skin and pouring salt water.
- ◆ Thrusting a live python into the mouth.
- ◆ Forcing to carry corpses.
- ◆ Inserting spikes into the body.
- ◆ Applying chillie powder to sensitive parts of the body.
- ◆ Beating with gun butts, iron rods and body.
- ◆ Hanging by the feet and beating.
- ◆ Keeping in the nude, splashing with water and exposing to the cold.
- ◆ Keeping without food for many days and giving salt water to drink.
- ◆ Keeping without food for many days and giving rice mixed with small stones.

- After assaulting severely and causing injury, pouring water on the ground and forcing to lie on it.
- Hanging by the feet for many hours.
- Keeping with handcuffs throughout the night.
- Not allowing to sleep throughout the night by flashing powerful light on to the face.
- Keeping in the nude for many days.
- Forcing to kneel down on hot sand for many hours.
- If detainee faints after severe assault, reviving him by pouring water and then being assaulting again.
- Forcing to sleep in a room where there are corpses.
- Forcing to lie down on hot tin sheets.
- Inserting thin needle like wires into the urethra.
- Inserting iron rods applied with chillie paste into the rectum.
- Pulling out pubic hair with pliers.
- Injecting chemicals of unknown composition.
- Forcing to swim in sand in the nude.
- Forcing to drink human blood.
- Forcing to drink urine.
- Forcing to drink water from the commode.

Sources : Report of Amnesty International : 06/07/83, ASA 37/03/84, 01/06/84, 09/01/85, 24/05/85.

Amnesty International Newsletter October 1985.

Amnesty International Report 1985.

Sri Lanka A Nation Dividing - Report by Robert Kilroy Silk MP and Roger Sims MP- House of Commons.

Affidavits by Victims.

●

ADDENDUM – I

UNIVERSITY OF MALAYA
KUALA LUMPUR

International Conference On

THE SRI LANKAN DIASPORA –
THE WAY FORWARD

ORGANISED UNDER THE AUSPICES OF

**THE DEPARTMENT OF INDIAN STUDIES,
UNIVERSITY OF MALAYA,**

AND

**THE FEDERATION OF MALAYSIAN SRI LANKAN
ORGANISATIONS**

DATES:
28–31 AUGUST 2008

VENUE:
**UNIVERSITY OF MALAYA CAMPUS
KUALA LUMPUR, MALAYSIA**

ADDENDUM – II

DEMOGRAPHY OF THE SRI LANKAN DIASPORA

S. Visahan

Independent Researcher United Kingdom

The Importance of Demographical Studies:

Census and statistics are fundamental requisites for conceiving and planning the development of any human group.

Today, we all acknowledge that the Sri Lankan diaspora, especially the Tamil diaspora has become a global phenomenon.

We are also aware that due to various reasons there is a global consciousness within this diaspora about its own identity.

Broadly we may classify this diaspora as pre-Eezham war diaspora and post-Eezham war diaspora. While the first category is found in countries like UK, Singapore and Malaysia , the later is now found widespread in various countries of the world.

One can notice an evolving tendency that these two groups which were not closely bonded in the initial stages are now earnestly forging a common identity. There are many reasons for this development, and it is interesting to note that matrimonial opportunity is one such reason.

Whatever the case may be, when the Eezham Tamil diaspora, past and present, tries to assert its common global identity, and aspire for its culture, unity and material prosperity, what is fundamentally missing is the knowledge on its demography.

In this context I wish to cite the example of the Census of Ceylon by a Tamil, Sir Ponnanpalam Arunasalam, in the 1920s that was the basis for many of the modern development programmes in that island. He deviated from the earlier kinds of censuses of the colonial times undertaken by the feudal chiefs and came out with a progressive, modern and creative census for Ceylon which was admired even by the colonial masters of those days.

Thinking of the development of the Eezham Tamil diaspora, what is needed today is such an innovative study on the demography of the diaspora, which is in fact the first step towards any positive agenda.

Some Fundamental Problems in Theory and Data:

For various practical purposes I wish to confine the study of the paper to the Tamil diaspora of Sri Lanka.

In this demographical study I may also rather prefer the term 'Eezham Tamil diaspora' to denote the cultural identity of the people. The word Eezham is used here in its original geographical context, to differentiate this diaspora from the other Tamil diasporas.

Two fundamental questions arise in defining this Tamil diaspora: what is Tamil and what is diaspora.

The Tamil identity is based on the use of the language. It doesn't have a religious criterion. But in recent times the Tamil speaking Muslims of Sri Lanka have asserted themselves as a separate identity. This will have a bearing in the demographic studies of the diaspora.

Many earlier studies discussed the problem of defining the meaning of diaspora in the context of Eezham Tamils. From what time period do we start? What categories of people are included? Many Tamils are working in countries such as in West Asia for a long time without returning to Sri Lanka, compelled by their situation. Are they part of the diaspora? Many are living in India, now for decades, without any status and often camouflaging their identities. How do we account for them?

These are some of the questions associated with defining the diaspora in order to take a census of it.

While working in the British National Archives the speaker has come across with a number of references related to early Eezham Tamil diaspora in UK, dating back to 19th and early 20th centuries. What happened to the identity of them and their descendants is a matter for investigation. Many didn't maintain the Tamil identity while some went with Indian identity.

Striking a sharp contrast and perhaps impelled by reasons of context, Malaysia and Singapore set the perspectives for the beginnings of Eezham Tamil diaspora, by maintaining the identity under the name tag Ceylonese or Ceylon Tamils.

What it means finally is that like all identities, the Eezham Tamil diaspora identity is a psychological phenomenon. Who ever outside of Sri Lanka chooses the identity will have it.

There also comes another issue from the political angle: The diaspora wanted by the home country and not wanted by the home country. The Indian diaspora is a welcome phenomenon and hence there are official tags such as People of Indian Origin, Overseas Indians etc, apart from state efforts at their census and collaborative development agenda. The Eezham Tamil diaspora is not in such a position. It has to look after itself.

Coming to the problems with data, lacuna and insufficiency are found in three areas: in the home country, in the host countries and in the diaspora itself.

Even in the decades prior to the civil war, there were no records or statistics in Sri Lanka related to its diaspora. In those days the spread of the diaspora was limited to a few countries like India , Malaysia , Singapore , UK and Australia If we take the 1981 census of Sri Lanka as basic reliable information, allow natural increase and compare it with the present estimates of demographic distribution in Sri Lanka , there is a huge discrepancy. The discrepancy doesn't tally with the official census of refugees in the host countries added with the number of dead and missing in the civil war. What happened to the remaining number is a question.

The host country records, especially the records in India come out with reliable statistics only about the inmates of the refugee camps. There are no records for the vast majority living outside the camps, either skipping visas or illegally reached India .

For various obvious reasons, the diaspora especially in India camouflages its identity.

In the other parts of the world the diaspora didn't take any initiative about taking its own accounts.

Country wise Statistics Available for the Eezham Tamil Diaspora:

India:

Official statistics is 72, 859 Sri Lankan Tamils living as refugees in 133 camps in the state of Tamil Nadu, and another 40,000 living outside of the camps, accounting for, roughly 113,000. (OFFER statistics)

The figure doesn't include the following groups: People staying with extended visas, people staying with pretexts such as education, people skipping the visa, people came before the conflict and assimilated with the local population, people received Indian citizenship through various processes such as marriage and people who camouflage their identity. The numbers under these categories are likely to be twice as large of the government estimates:

Canada:

There are four estimates for Eezham Tamils: Community estimate: 300,000; Media estimate: 250,000: Government statistics (2006): 100,000; Estimate provided by Cheran: 215,000.

One can see the wide discrepancy between the government statistics and the other estimates.

Britain:

200,000 Eezham Tamils (the speaker's investigation conducted for Tamil Information Centre, London)

Malaysia:

According to official calculation the Ceylonese are included into the category of 'Others' which is less than one percent. The Ceylonese identity includes

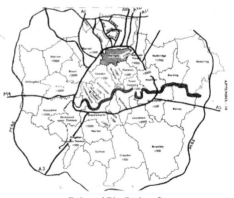

Estimated Distribution of
Tamil Asylum Seekers in London Boroughs

a small number of Sinhalese also. The estimation of the Federation of Sri Lankan Tamils in Malaysia is that about 50,000 identify themselves as Tamils of Ceylonese origins. We do not know whether the figure include those who married Indians or other communities, their descendants and children born to Ceylonese parents but got birth certificates as Indians. There is also a large number of Ceylonese who has migrated to countries like Australia , USA , UK , other European countries etc. In those countries they are registered as Malaysians and have gone out of the Tamil identity in official statistics

Singapore:

The figure is 12,000 Tamils of Ceylonese origins (Federation estimation).The problems found in Malaysian statistics are applicable for Singapore also.

The Malaysia and Singapore figures are for the descendants of Eezham Tamils who migrated in the 19th and early 20th centuries. This doesn't include the displaced people living in these countries right now as business people, workers, housemaids etc.

France:

There are about 11,000 Eezham Tamils. (Ki.Pi. Aravindan's estimation)

The figures don't include those who have given French identity to official statistics and the migrant population.

Germany:

The Wikipedia estimation is 50,000 Tamils most of whom are Eezham Tamils.

Denmark:

The official statistics is 10,488. (Srikathirgamanathan)

Norway:

The community estimation is 15,000.

Switzerland:

The Wikipedia estimation is 40,000 Tamils most of whom are Eezham Tamils.

Italy:

The Wikipedia estimation is 25,000 Tamils most of whom are Eezham Tamils

Nederlands:

The Wikipedia estimation is 20,000 Tamils most of whom are Eezham Tamils.

Sweden:

2000 Tamils, most of whom are Eezham Tamils (Wikipedia)

Australia:

The Official statistics is that there are 73, 856 Sri Lankans in 2007, out of whom 32, 701 speak Tamil. The problem with this statistics is that most of the Tamils didn't declare to the census that they speak Tamil at home.

New Zealand:

There are about 3000 Tamils most of whom are Eezham Tamils (Wikipedia)

Other Countries:

A large number of Eezham Tamils live in West Asia, Africa and in countries like Maldives for decades now, without getting back to Sri Lanka . They go into the category of workers. No statistics are available for them. Besides there is a stranded population in countries like Russia, Thailand, Hong Kong, Vietnam, Turkey, Cambodia, Laos, Italy, Indonesia, Phillipines, Mexico etc. Most of them are in custody. There are no accounts about them.

From the statistics discussed above one can see that even a conservative estimation of the Eezham Tamil diaspora, easily reaches to one million and is spread in all the five continents. The speakers estimation is that the number is well near to one and a half million.

Programme for a Systematic Study on the Demography of the Diaspora:

The primary questions are what has to be done, who has to do it, where it should to be done and how it should to be done.

What is needed is a comprehensive and reliable survey. The results need to be published and should be available to the diaspora for its enlightenment and to set its course of development.

The diaspora intellectuals and their younger generation trained in disciplines such as anthropology, sociology, human geography etc. need to take up this survey.

The second generation of the Tamil wartime diaspora of Sri Lanka , most of them born as diaspora children, has now reached the levels of university students in the host countries. Many of them in the social sciences stream may be interested in such a survey. Finance, infrastructure facilities and guidance from senior intellectuals of the diaspora should be made available to them.

As I was stressing in the beginning, the Eezham Tamil diaspora identity is a psychological state of mind, but it is a reality. One has to comprehend with the reality in planning out ways and means of improving its conditions.

A global questionnaire, if comes from a credible institution, may help in getting particulars from whom so ever think that he or she belongs to the said diaspora. But there need to be the deployment of other avenues.

Grass-root level institutions that are strong with the diaspora and enjoy credibility are the village associations and the school associations. These are a vital sources to get reliable statistics and such institutions need to be strengthened and encouraged further in undertaking diaspora development work.

In concluding this paper, once again I wish to stress that the diaspora has to look after itself. The diaspora should not expect that the host countries or the home country would undertake demographic studies from the point of view of development envisaged by the diaspora. This has to be done by the diaspora.

●

ADDENDUM – III

தமிழ் இனக்குழுவிற்குள் கரைந்து விட்ட சிங்கள இனக்குழுவினர்

பிரித்தானியர் ஆட்சிக் காலத்தில் இருந்து தமிழ் பிரதேசங்களில் வாழ்ந்து வந்த சிங்கள மொழி பேசி வந்தோர் காலப்போக்கில் தமிழ் மொழி பேச ஆரம்பித்தவுடன் தமது பிள்ளைகட்குத் தமிழ் மொழியில் கல்வி புகட்டி வந்தனர். இவ்வாறு உருவாகிய புதிய தலைமுறையினர் காலப்போக்கில் தமிழ் இனக்குழுவிற்குள் கரைந்து விட்டனர்.

குழந்தைப் பருவத்திலிருந்து திருநெல்வேலியில் வசித்துவரும் சிங்கள மொழி தெரியாத ஐம்பது வயதுடைய சிங்களவரான திரு. ஜெயசேனன் நல்லூர் கோயிலில் தமிழர்கள் பல தலைமுறைகளாக செய்து வந்த பாரம்பரிய சடங்குகளை நிறைவேற்றுகிறார்.

இவற்றிற்கான உதாரணங்களாக சில வற்றைக் குறிப்பிடலாம்.

நான் St. Johns கல்லூரியில் கல்வி கற்கும் பொழுது எனது வகுப்பு மாணவனாக றெஜி அபயநாயக்கா எனும் சிங்களவர் கற்று வந்தார். இவர் பெயரைத் தவிர இவரைச் சிங்களவர் என்று கூற எந்தவித அடையாளங்களும் இருக்கவில்லை.

நான் வாழ்ந்த திருநெல்வேலி எனும் கிராமத்தில் இரு சிங்கள இனக்குழுவைச் சேர்ந்த சிங்கள மொழி அறியாத இரு குடும்பத்தினரைக் குறிப்பிடலாம்.

ஜூலிஸ்-மெனிக்கா எனும் தம்பதியினரை நான் சிறுவனாகத் திருநெல்வேலியில் வாழ்ந்து கொண்டிருக்கும் காலம் முதல் அறிவேன். அவர்கட்கு நன்றாகச் சிங்கள மொழி தெரியும். ஜூலிஸ் ஒருசிறந்த கார் ஓட்டுனர்.

அவர்கட்கு சித்திரை, பத்மா, பந்தசேனன், ஜெயசேனன், தர்மசேனன், கருணசேனன் எனும் குழந்தைகள் இருந்தனர். இவர்கள் ஒருவருக்கும் சிங்கள மொழி தெரியாது. தமிழ் மொழியில் பேசியும், இந்துமதக் கிரியை கள் செய்தும் ஆனந்தமாக வாழ்ந்து வந்ததைக் காண முடிந்தது. இலங்கை யில் கடந்த 30 வருட போரின் விளைவால் திருநெல்வேலியில் வாழ்ந்த பல சைவ வேளாளர்கள் உலகின் பல்வேறு பாகங்கட்கும் குடிபெயர்ந்து விட்டனர். இதனுல் ஏற்பட்ட இடைவெளிகளேப் பல்வேறு வழிகளில் இன்று வாழ்ந்து கொண்டிருக்கும் இவர்களது குடும்ப உறுப்பினர்கள் செய்து வருவதைக் காணலாம். உதாரணமாக இந்நூலில் ஜெயசேனன் ஆற்றிவரும் கோயில் மதச்சடங்குகட்கான படத்தைக் குறிப்பிடலாம். மற்றைய குடும்பத்தைச் சேர்ந்தவர் மாணிக்கி என அழைக்கப்படும் மெனிக்காவாகும்.

இவரது ஒரே மகளான நாகம்மா சகல சைவ ஆலயங்களிலும் தேவாரங்களே இனிமையான குரலில் பாடுவதில் வல்லவர் என்பதுடன் திருநெல்வேலி மக்களால் அன்புடன் நேசிக்கப்பட்டு வருகிருர்.

எனது அயல் கிராமமான கள்ளியங்காட்டிலும் ஒரு பிரசித்தி பெற்ற சிங்களக் குடும்பம் வாழ்ந்து வருகிறது. பண்டா குடும்பம் எனச் சகலராலும் இவர்கள் அழைக்கப்படுகின்றனர். பண்டாவின் மகன் யாழ்ப்பாணத்தில் இருந்து வெளிவந்த கலைச்செல்வி எனும் சஞ்சிகையின் ஆசிரியரான சிற்பி (சரவணபவான்) ஆகும். இவ்வாறு சில உதாரணங்களேக் குறிப் பிட்டாலும் நான் மேற்கூறியவை கண்ணுல் கண்டதோடு மட்டுமல்லாது கலந்தும் உறவாடியும் இன்றுவரை தொடர்புடன் இருக்கின்றேன்.

●

ADDENDUM – IV

SINHALESE WHO GOT ASSIMILATED INTO TAMILS

The Sinhalese speakers who were living among Tamils since British times educated their children in Tamil. The new generation became assimilated into Tamils.

I can cite some examples. When I was studying at St. John's College, Jaffna, there was a classmate, Regi Abhayawardane. There were no signs in him to call him a Sinhalese.

In my village Thirunelvely there were two Sinhala families who didn't know Sinhala.

There was the family of Julius - Menike, whom I knew since childhood. Julis was a good car drivcr. IIc had children, Chitra, Padma, Panthusenan, Tharmasenan and Karunasenan. None of them knew Sinhala. They spoke Tamil, followed Hinduism and there were no qualms. As a result of the 30 years war the residents of Thirunelvely have migrated to different parts of the world. Julius -

50 years old Sinhalese, Mr. Jeyasenan, who doesn't know Sinhalese as he was living in Thirunelvely, Jaffna, since his childhood perform the traditional rituals of the Tamils at the Nalloor temple.

Menike, family still living in Thirunelvely fill the gap created by the absence of traditional Tamils in performing the religious rituals.

The other example is the family of Menike who is called Maanikki. Her only daughter Nakamma is well known for singing Thevaram in her melodious voice in the temples. She is highly appreciated by the people of Thirunelvely.

In my neighbouring village Kalliyangkaadu there is a famous Sinhala family known as Banda family. Banda's son Chitpi alias Saravanabhavan was the editor of a Tamil magazine Kalaichchelvi. These are some examples personally and intimately known to me.

●

ADDENDUM – V

சிங்கள இனக்குழுவிற்குள் கரைந்து வரும் தமிழ் இனக்குழுவினர்

சிலாபம், நீர்கொழும்பு, புத்தளம் போன்ற பகுதிகளில் பாரம் பரியமாகத் தமிழைப் பேசி வந்த மக்கள் முற்றாகத் தமிழை மறந்து சிங்கள மொழியையே பேசி வருகின்றமையே இன்று காணப் படுகிறது. இப்பிரதேசங்களில் வாழ்ந்து கொண்டிருப்பவர்கள் இன்று சிங்கள மொழியைப் பேசி வந்தாலும் அவர்களிடையேயுள்ள முதிய தலைமுறையினரிடையே கூட்டல், கழித்தல், பெருக்கல், பிரித்தல் போன்ற கணக்குகளை பயன்படுத்துகையில் உபயோகிக்கும் மொழியாக இன்றும் தமிழ் மொழி காணப்படுவதிலிருந்து இவர்கள் நெடுங்காலமாக தமிழையே பேசி வந்தார்கள் என்பது புலனாகும்.

மேலும் அவர்களின் பெயர்களில் காணப்படும் அடையாங் களும் இதற்குச் சான்றாகலாம். குறுப்பு, முதலி, வர்ணகுலசூர்யா, குருகுலசூரியா போன்றவை இதற்குதாரணங்களாகும்.

கோட்டை அரசர் காலத்தைய முக்கர கடண எனும் நூலிலும் ஆதாரங்கள் பல கிட்டுவதுடன் ஆங்கிலேய ஆட்சிக்கால ஆவணங்களிலும் இவர்கள் தாய்மொழியாக தமிழ் உபயோகித்து வந்ததைக் காணமுடிகிறது.

●

ADDENDUM – VI

TAMILS WHO GOT ASSIMILATED INTO SINHALESE

People who were traditionally speaking Tamil in the Chilaapam (Chilow), Neer-Kozhumpu (Negombo) and Puththalam regions have now forgotten Tamil and have become Sinhala speakers. Even though they have become Sinhalese now, their Tamil ancestry is evident as one could see the older generation of them still using Tamil in certain situations such as in the use of day-to-day arithmetics.

It is also evident from their clan names such as Kuruppu, Muthali, Varnakulasurya, Kuru kulasurya etc.

Another evidence is a literature on them called Mukkara Hatana, written in the times of the kings of Kotte. Even in the documents of the British period they were using Tamil as their mother tongue.

●

ADDENDUM – VII

தகவல் சமூகமும் புதிய பொருளாதார ஒழுங்கும்

நாம் வாழ்ந்து கொண்டிருக்கும் 21ஆம் நூற்றுண்டு சர்வதேசரீதியாகப் பல மாற்றங்களைத் தழுவி பல வழிகளில் புதிய வடிவத்தினை எடுத்துள்ளது. இன்று நாம் வாழ்ந்து கொண்டிருப்பது தகவல் சமூகமும் (Information Society) நிதி மூலதனமும் (Financial Capital) இணைந்த புதிய பொருளாதார (New World Order) ஒழுங்காகும். இதனை உலகமயமாதல் (Globalization) என்றும் அழைப்பர்.

தகவல் தொழில்நுட்பமானது தகவல்களை ஒரு மையத்தை நோக்கிக் குவித்தும், நிதி மூலதனமானது முதலீடுகளை குறிப்பிடப்பட்ட பிரதேசங் களை நோக்கியும் நகர்த்தியுள்ளன. தகவல் தொழில் நுட்பம் தகவல்களை அதாவது அறிவைத் திறந்தும், நிதிமூலதனம் சந்தைகளையும் கட்டுப் பாடின்றித் திறந்தும் விட்டுள்ளது. தகவல்களும், நிதியும் இணைந்து தேசங் களின் எல்லைகளையும், கண்டங்களின் எல்லைகளையுங் கரைத்து முழு உலகமே ஒரு கிராமமாக (Global Village) இயங்கும் நிலையை ஏற்படுத்தி விட்டது.

தகவல், நிதி போன்றவை பிரிக்க முடியாத வகையில் ஒன்றுடன் ஒன்று பிணைக்கப்பட்டு புதிய வடிவத்துடன் 21ஆம் நூற்றுண்டு நடைபோட்டு வருகிறது. இப்புதிய மாற்றத்தினை உள்வாங்கிக் கொண்ட பின்னணியைப் புரிந்து செயற்படுவதன் மூலமே அதளபாதாளத்தில் போய்க் கொண்டிருக் கும் இலங்கையில் மனிதர்கள் அமைதியாகவும் சுபீட்சத்துடனும் வாழும் வழியினை ஏற்படுத்த முடியும்.

●

ADDENDUM – VIII

INFORMATION SOCIETY AND THE NEW ECONOMIC ORDER

The Twenty-first Century we are living in has changed in many ways and had moved into new horizons. We are living in a new economic world order, an amalgamation of Information society and financial enterprise. This is also called globalization.

Information technology is focussed on to a central location, and investments are diverted to specific regions. Information technology has identified the needy avenues, and financial investments have opened up unlimited markets. Information and finance have spilled over the confines of countries and continents, and the whole world is now functioning as a global village.

Information and finance are inseparably combined in a new form and is marching forward into the Twenty-first Century. Only a proper understanding of the intricacies of this global economic order can help the Sri Lankan people to come out of the economic doldrums they are finding themselves in to lead a peaceful and prosperous life.

●

BIBLIOGRAPHY

NET.LINKS

1. www.bradshawfoundation.com/journey
2. www.DNAandFamilyHistory.com
3. www.nationalgoegraphic.com/studentatlas

Selected Bibliography in Tamil

1. *Eela thamilar varalaru* (Text in Tamil and English) Thirumathi vasantha Nadaraja.
2. *Illankayil Thamilar (oru inakkulu akkam petta varalaru 300 1200)*, Prof K. Indrapala.
3. *Maddakilappu maanmiyam,* F.X.C. Nadarasa.
4. *Maddakkilappu Tamil Aham* V.C. Kandaiah
5. *adichuvadikal*, Kalanithi K.T. Selvarasakobal.*Maddakkilappu Maanilathin pandaya varalattu*
6. *Poutha singalavarum sirupanmayinarum*, Keetha. Ponkalan.
7. *Samoohakalviyum Varalarum, aasiriyar kainool,* Samoohakalvi mantram, Vanni.

Selected Bibliography in English

1. *Benedict Anderson* - Imagined Communities, UK: 6 Mcard Street London W1F OEG 1991.
2. *Bruce Kapferer -* Legend of People Myths of State , Smith Sonian Institution Press Washington DC 1990.
3. *Chris Pomery* - DNA and Family History, Cromwell Press, London 2004.
4. *Deraniyala Siran Upendra* - Pre - Historic Basis for the rise of Civilization in Sri lanka and Southern India. second Vesak Commemoration Lecture, Chennai, 2004.

5. *David Attenborough* - Life on Earth. COLLINS/BBC BOOKS; First Edition, LONDON 1992.
6. *Eric Wolf* Europe and the People Without History University of California Press, London, 1997.
7. *Hobsbawm Eric* - On history, New York , 1997.
8. *Hobsbawm Eric* - Globalization, Democracy and Terrorism, Little Brown Book Group Brettenham House, London, 2007.
9. *Huntington Samuel. P* - CLASH OF CIVILIZATION AND THE REMAKING OF WORLD ORDER, TOUCHSTONE, Rockefeller Center, New York, 1998.
10. *Hancock Graham* - Underworld : Flooded Kingdom of the Ice Age, Penguin Books Ltd London 2002.
11. *Indrapala.K*- Early Historic Tamil Nadu C.300 BCE 300 C, Kumaran Book House, Colombo, 2009.
12. *Indrapala.K* - The Evolution of an Ethnic Identity : The Tamils in Sri Lanka C. 300 Bce to C. 1200 Ce , Kumaran Book House, Colombo, 2009.
13. *Mendis.G.C* - The Early History of Ceylon, Asian Educational Services, 1998.
14. *Prema Nandakumar* - Manimekalai (Text in English) Translated from Tamil , Tamil University Thanjavur Tamil Nadu - India, 1989.
15. *Ragupathy.P* - Early Settlements in Jaffna: An Archaeological Survey, Madras 1987.
16. *Rutnam.J.T.* - The Tomb of Elara at Anuradhapura, Jaffna Archaeological Society, 1988.
17. *Spencer Wells*- The Journey of Man: A Genetic Odyssey, Penguin Group, London, 2002.
18. *Stephen Oppenhemer* - OUT OF EDERN, The Peopling of the world, Robinson Publishing , 2004.
19. *Tambiah Stanley Jeyaraja* - BUDDHISM BETRAYED?, Religion Politics and Violence in Sri Lanka, The University of Chicago Press, London, 1992.

Journal Articles in Tamil

Migration of Sri Lankan Tamils to Malaysia and the Western Countries A comparative Study , *Cintanai,* Vol. XV, No.1 March, 2005. PP.1- 19

Journal Articles in English

1. The Legend of Prince Vijaya- A study of Sinhalese origins by *R.L.Krik;* American Journal of Physical Anthropology (1976) Vol.45.

2. Blood Genetic Markers in Sri Lankan Populations- A Reappraisal of the Legend of Prince Vijaya by *N.Saha :* American Journal of Physical Anthropology (1987) Vol 76.

3. Genetic Variations in Sri Lanka by *S.S.Papiha: S.S Mastana* and *R.Jayasekara ;* Human Biology, Oct 1996.

Dissertation

Rehabilitation of Tamils with Special Reference to Tamils in London, *Subramaniyam Visahan ,* Msc Dissertation,Department of Anthropology , University College of London 1993.

News Paper Articles in Tamil

"The Peoples and Cultures of Prehistoric Sri lanka",(Monthly article by *Dr. Siva Thiyagarajah*).

Meedchi, Monthly Publication (Text in Tamil and English) of Tamil Information Center(TIC), THULASI, Bridge End Close, Kingston Upon Thames KT2 6PZ.

Book Unpublished

"The Peoples and Cultures of Prehistoric Sri lanka" - by *Dr. Siva Thiyagarajah* (awaiting publication).

●

PEOPLING OF SRI-LANKA

ஒஸ்ரொலொயிட் இன மக்களின் வழிவந்த ஆண்களிடையே M130 எனும் மரபுயிரியல் குறியீடு காணப்படுகிறது, இந்தோ - ஆரிய மொழி பேசுகின்ற மக்களின் ஆண்களிடையே M17 என்கின்ற மரபுயிரியல் குறியீடு இருக்கின்றது. தென் இந்தியாவில் வசிக்கும் திராவிட மொழி பேசும் மக்களின் ஆண்களிடையே ஏறத்தாள *50%* மானோரிடம் M20 என்கின்ற மரபுயிரியல் குறியீடு காணப்படுகிறது

*The descendants of the Australoid people carry the genetic marker M130 among their males, and the descendants of the Indo-Aryans carry the marker M17 among their male population. About 50 % of the Dravidian males of South India carry the genetic marker M20 among them.

தென்னிந்தியாவிற்கு இ.மு 30,000 ஆண்டளவில் மூலத்திராவிடர்கள் மத்திய கிழக்கிலிருந்து புலம் பெயர்ந்தனர். இவர்கள் தென்னாசியாவின் பல பிரதேசங்களில் பரவுகையில் அவ்வப்பிரதேசத்திற்குரிய இனக்குழு அடையாளங்களைப் பெற்றதனை இப்படம் காட்டுகிறது.

The Proto-Dravidian migration to South Asia from the Middle-East in 30,000 BP. They gained several ethnic identities when settled in different regions of South Asia

Fig-1

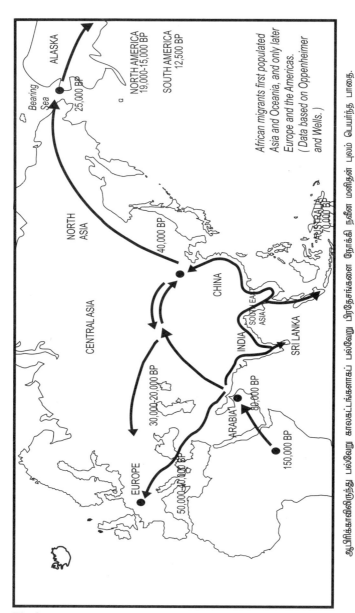

ஆபிரிக்காவிலிருந்து பல்வேறு காலகட்டங்களாகப் பல்வேறு பிரதேசங்களை நோக்கி நவீன மனிதன் புலம் பெயர்ந்த பாதை.

Migration of modern humans from Africa to different regions of the world during different periods.

Fig-2

தமிழ்நாட்டின் திருநெல்வேலியிலுள்ள ஆதிச்சநல்லூரில் காணப்படும் ஆதி இரும்புக்கால சவ அடக்க முறை,

Early Iron Age burials at Adichanallur, South India.

Fig-3

113

இலங்கையின் கதிரவெளி பிரதேசத்தைய ஆதி இரும்புக்கால சவ அடக்கமுறை

Early Iron Age burials at Kathiraveli, Sri Lanka,

Fig-4

இலங்கையின் பழங்குடியினரான வேடர்கள்
Aboriginal Veddas of ancient Sri Lanka.

Fig-5

இருளர்கள் என அழைக்கப்படும் தென்னிந்திய பழங்குடி மக்கள். இவர்களது மூதாதையர்கள் ஒஸ்ட்ரோலொயிட் இனத்தவர்களாவர்.

Irulas of South India, one of the most ancient groups of modern humans to settle here, belong to the Australoids.

Fig-6

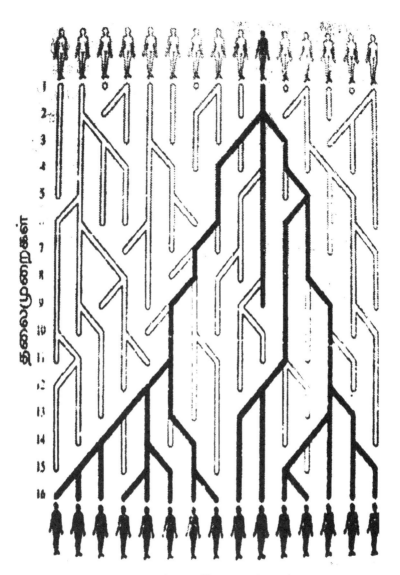

16 தலைமுறைகளின் மரபுயிரியல் (DNA) தொடர்ச்சி.
The spread of DNA through 16 generations

Fig-7

நான்கு தலைமுறையினரைச் சேர்ந்த யாழ்ப்பாணக்குடும்பம் 1937
Four generations of joint family in Jaffna - 1937

Picture was taken on November1937.

Top Row Left to Right:

Name, position and year of Birth;
Mr.Ramalingam post master (1887)   Dr.S.Nadaraja (1906),
Mr.V.S.Kanthaiyapillai Tobaco Merchant (1895) Mr.Subramaniam Proctor (1897),
Mr.S.Saravanamuthu Teacher (1901),   Mr.Balraja Businessman (1902),
Mr.R.Sivaraja Clerical Service (1913),   Master.V.Rajapillai Student-Medical
College, Colombo (1920).

Middle Row- Left to Right:

Mrs. Parvathi Subramanium (1862),
Mrs.Annapillai Sinnathampi (1867), Mrs.Pushpakavalli Subramanium(1912),
Mrs.Selvaratnam Saravanamuthu (1917),   Mrs.Thangam Sinathampi(1870),
Mrs.Thangamma Kanthaiyapillai (1897).

Bottom Row- Left to right:

Master.K.Sabanadesar (1924),Miss.Sarvananthadevi Kanthaiyapillai (1930),
Master.Sivapatham Kanthaiyapillai (1833), Miss.Vijayalaksumi Kanthaiyapillai
(1928), Mr.Nadaraja (adopted son) (1917).

Fig-8

இலங்கையின் உயர்குலத் தமிழ்ப் பெண்கள்.
3. High-caste Tamil women of Sri Lanka.

Fig-9

இலங்கையின் உயர்குலத் தமிழ் ஆண்கள்.
High-caste Tamil men of Sri Lanka

Fig-10

Fig-11
இலங்கையின் கிராமப்புறச் சிங்களப் பெண்கள்.
Sinhalese women from a village in Sri Lanka.

இலங்கையின் கிராமப்புறச் சிங்கள மனிதர்கள்.
Sinhalese men from a village in Sri Lanka.

Fig-12

இலங்கையின் உயர்ச் சாதித் தமிழ்ப் பெண்ணும் ஆணும்
High-caste man and woman from Sri Lanka.

Fig-13

கேரள மாநிலத்தின் கிராமவாசிகள் மரபுயிரியல் (DNA) குறியீடு M 20.

Villagers from Kerala in South India.(DNA - M20.)

Fig-14

இலங்கையின் சிங்களத் தொழிலாளர்கள்.
Sinhalese workers in Sri Lanka.

Fig-15

கேரள மலையாள இளைஞர்களும் இலங்கைத் தமிழர்களும். மரபுயிரியல் (DNA)) குறியீடு M 20.
Youths from Kerala and Tamils from Sri Lanka.(DNA - M20.) **Fig-16**

தமிழ்நாட்டில் ஒரு தமிழ் அரசியல்வாதி.
மரபுயிரியல் (DNA) குறியீடு M 20.
A Tamil politician from Tamil Nadu..(DNA - M20.)

Fig-17

இலங்கையில் தமிழ், முஸ்லிம், சிங்கள
உடையில் தோற்றமளிக்கும் இளைஞர்கள்.
Youths in Tamil, Muslim and Sinhalese
traditional costumes **Fig-18**

Fig-19 கேரளாவில் மலையாள வாகன ஓட்டுநர்கள். மரபுயிரியல் (DNA) குறியீடு M 20.
Motor car drivers from Kerala, South India.(DNA - M20.)

முகச்சாயல்களில் ஒத்திருக்கும் கேரளத்து ஜேம்ஸ் அவர்களும் (அரைக்கால் சட்டை அணிந்திருப்பவர்) லண்டனில் வசிக்கும் சிங்களவரான பெர்ணாண்டோ அவர்களும்.
The Malayalee James from Kerala and the Sinhalese Fernando from Sri Lanka. The facial resemblance is striking.

Fig-20

இலங்கையில் கோயில் திருவிழாவில் பிராமணர் (DNA - M17.)

Bhramin in sri lanka at temple festival.(DNA - M17.)

Fig-21

ஆனைக்கோட்டையில் யாழ்ப்பாணப் பல்கலைக்கழக அகழ்வாய்வுக் குழுவினர்
The Jaffna University archaeological team at Anaikoddai.

Fig-22

கலாநிதி சி.க. சிற்றம்பலம், கலாநிதி பொ. இரகுபதி, பேராசிரியர் இந்திரபாலா முதலியோர் அகழ்வாய்வு களத்தில் கலந்துரையாடுகின்றனர்.

S.K. Sitrampalam, P. Ragupathy and Prof K. Indrapala discuss at the excavation site

Fig-23

Fig-24   முட்கம்பி வேலிகட்குள் அடைக்கப்பட்டிருக்கும் மக்கள்
People behind the barbedwire

குழந்தைப்பருவம் முதல் பாடசாலைகளில் கல்வி கற்றுக்கொண்டிருந்த சிறுவர்கள்
உணவிற்கான வரிசையில்
Children who were attending schools now standing in que for food

Fig-25

நிரந்தரக் குடியிருப்புக்களில் வாழ்ந்த மக்களின் தற்காலிக பாசறை வாழ்வு

Present camp - life of the people of the soil

Fig-26

129